醱酵食光——麴の味

集科學、知識、實作、食品與傳統工藝兼備的麴醱酵導引

許嘉生／著

釀造需要文化！食品也需要文化！

身為嘉生四十多年前在東京農業大學求學時的教授，很高興其畢業之後，不僅從事與所學的本科──「釀造」相關事業，並將事業經營得非常成功，更在多年後將其所學、所見的智慧與經驗撰寫成書，將釀造文化傳承下去。

在我眼中勤學開朗的嘉生，雖然出生釀造世家，但他不以此為限，四十多年來在現代釀造專業上努力研發，做出好的產品，更讓我驚訝的是，嘉生沒有忘記傳統「厚工」的釀造、醱酵工藝，例如克服種種困難「復釀」出檜木桶酢，如此透過實際行動保存、傳承與發揚傳統釀造文化，正是最難能可貴之處。

釀造需要文化！食品也需要文化！文化是一切事物發展的底蘊，有了文化傳承這個搖籃，才有永續經營的底氣。祝福嘉生！

40年以上前、東京農業大学に在学していた嘉生君の教授として卒業後に「醸造」に関わる経営を精力的に行っていたことをとてもうれしく思います。
今まで得た知恵や経験を本にまとめ、醸造文化を継承していく姿勢は尊敬します。
私の目には、嘉生君は醸造家系に生まれた勤勉で明るい人間に見えました。そんな嘉生君だからこそ40年以上もの間、近代醸造の研究開発に熱心に取り組み、良い製品を作り続けられたと思います。
さまざまな困難を乗り越えて伝統的な檜桶酢の仕込みと味を「再現」するなど、古来の醸造・発酵技術を忘れず、実践を通じて醸造文化を保存・継承・発展させることが最も価値のあることです。
醸造には文化が必要であり、同じく食にも文化が必要です。
文化は万物の発展の基礎であり、文化継承のゆりかごがあってこそ、持続可能な状態を実現する経営が今後の企業の競争優位性を左右します。
長く続けられていたご成果がいよいよ形になりましたこと、お喜び申しあげますとともに今後のご活躍をお祈りいたします今後のご活躍をお祈りいたします。

日本東京農業大學名譽教授 小泉幸道

一起發掘、保存臺灣最寶貴的資產

嘉生兄是我認識超過 30 年的好友，也是臺灣醱酵釀造界產品研發製造的重量級推手。我倆年齡相近，他早年留學日本攻讀釀造，而我至美國研讀生化工程，所學略有不同，卻都專情於試驗、研發新產品。後來我在臺灣菸酒公司陸續研發及規畫紅麴相關產品如「安可健紅麴（膠囊）」、「紅麴葡萄酒」、「紅麴香腸」、「紅麴豬腳」與「紅麴餅乾」等；而嘉生兄公司的「紅麴米」、「紅麴料理醬」、「紅麴壽生酢」、「紅麴一鈉可寧（膠囊）」等高品質產品亦是受到大眾喜愛。我們都鍾情、聚焦於「紅麴」這個古老的微生物菌種，並且瞭解其特色與好處，可以說是「英雄所見略同」。

我們之所以能天南地北、無話不談，我想很大的原因是因為嘉生兄與我理念相同，對於臺灣寶貴的食品文化資產，不遺餘力的發掘與保存，並賦予不同的創新意義。十餘年前我在擔任臺灣菸酒公司副總經理，曾在接受媒體專訪時，提及「臺灣菸酒公司的歷史，就是臺灣菸酒產業發展的歷史，但很多人卻忽略我們自己獨有的特色。」，我的意思是我們應強調在地優勢，找出核心價值積極變通創新；這一點，嘉生兄做到了，他長年積極地找出醱酵與釀造的在地特色，例如「紅麴」。新書中也披露臺灣特有的「筍寮吊筍」、「酸筍」、「馬祖野蒜」、「鹽麴烏魚子」、「紅麴豆枝」，都是我們曾經忽略、遺忘，但卻能在他的新書中重新找到的「老靈魂，新創意」，這些都是臺灣最彌足珍貴的食品文化資產。

這本新書可以說是嘉生兄四十多年來的心血結晶，從世界醱酵史開始聚焦臺灣的釀造力；從爬梳日治時期臺灣釀酒／酢的研究者與學者研究文獻，到揭開醱酵與釀造的「食」光魔法；從米麴、甘酒、鹽麴如何製作，到紅麴、味噌、酢的釀造，文筆平實，娓娓道來關於醱酵與釀造的點點滴滴。我最為喜歡的是書中各種小故事、小緣由，常常讓我大開眼界！原來嘉生兄對醱酵與釀造涉獵之廣，真的令人欽佩。

《醱酵食光──麴の味》是嘉生兄的第一本書，我非常期待他的下一本，誠摯推薦給您，相信您一定會跟我一樣喜歡，閱讀後收穫滿載。

臺灣菸酒公司前總經理
紅麴專家 ・ 好食 365 健康講座創辦人
美國麻省理工學院生化工程博士

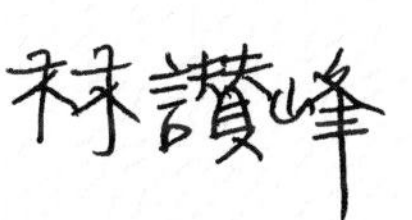

「醱酵達人」立言的美意善念，令人激賞！

恭喜和我同時期留學日本的好朋友嘉生兄出書。嘉生的祖父許萬得先生創立了知名的「工研醋」，嘉生自小就對「醱酵食品」耳濡目染，早年又負笈日本就讀東京農業大學釀造學科。他這回撰寫本書，無非就是要推廣一輩子熱愛的醱酵食品與釀造文化；雖然他謙稱本書的出版是「拋磚引玉」，但我非常清楚，他想以具備實務基礎的「磚」，為臺灣醱酵食品與釀造文化「砌」出明確的輪廓及未來的發展藍圖。

翻開嘉生的新書，有極大篇幅特別介紹日治時期臺灣釀酒與釀酢的研究。深入研讀之後，您會發現：臺灣現代化醱酵食品與釀造工業，其實和日治時期的研發者與學者大有關聯，令人感動。百年之前，臺灣總督府工業研究所的日籍和臺籍研究學者，對各種醱酵所做鉅細靡遺的研究，奠定日後酒、酢、醬油等產業的蓬勃發展。其中，對紅麴菌的菌株分離，更是造就今天吾人發展機能性紅麴保健食品的基礎。

最近幾年，「醱酵」與「釀造」不斷激起一波波新的潮流與話題，人們看到、品嘗到國內外米其林星級餐廳大廚所推出跟醱酵與釀造有關的美食創新佳餚，年輕人更是受到影響紛紛學習在家自釀梅酒、製作甘酒、鹽麴與康普茶；社群媒體上常可看到大眾百花齊放的手作成品，儼然成為新的流行「食」尚！此時，嘉生兄不辭辛勞撰寫本書，扎實的內容與全面性的議題，非常適合做為美食愛好者及餐飲工作者正確瞭解並掌握「醱酵」與「釀造」精髓的入門導引。

嘉生兄不只在醱酵與釀造的專業上發揮所學與所長，更喜歡在傳統小吃與料理中，尋找足以傳承臺灣文化的創新美食與新靈感。據我所知，他閒暇之餘熱愛全臺跑透透，更時常受邀擔任：行政院農業委員會田媽媽、青農烹飪比賽的評審委員及講評指導，民間食品文化講座講師，這些「接地氣」的經歷促使他不斷精進，有助於發現食品食安的癥結問題。尤其他自己也下廚烹飪，對於醱酵釀造的製作親力親為，但畢竟是理科出身，其食譜非常具有學理性及靈活性，強調釀造的「黃金比例」，這是他的「嘉生式料理新技法」。誠摯邀請讀者們一起翻開《醱酵食光──麴の味》親身體驗一番！

行政院農業委員會農糧署前署長
財團法人農業科技研究院前院長
財團法人臺灣香蕉研究所董事長

有傳承下來的文化，更有價值

悠悠四十數載的醱酵生涯，驀然回首，已是古稀的年紀。1977 年我離家赴日研讀東京農大釀造學科，當初辭別父母的那一幕，仍在我的腦海裏。時間，過得真快。

這一生，有幸與醱酵結緣，進而對醱酵產生持續的研究、上下求索答案的熱情，我是何其幸運的人，可以從事自己喜歡的行業。但是，一路走來，我卻發現自己空有廣博的醱酵知識，卻始終無法進一步拉近與人（消費者）的距離；經過思考，我認為唯有透過書寫成籍，引領大眾的參與意願，同時利用簡單容易料理的烹調法，以及寓教於樂的學習方式，也許還會有機會吸引讀者、慢慢領略我所熱愛的醱酵，是多麼迷人而深邃。

猶記 40 年前到臺北市某大飯店用餐，飯店主廚向我炫耀客人特地帶來一瓶 120 元的紅酢，這紅酢要加在魚翅料理上，而且佐味完畢還像紅酒般寄存在飯店餐廳內。我一聽喜出望外，如果這種高品質的產品開發出來，那可是不得了的大事（當時我所服務公司的產品也才 38 元），但是，某次到了東門市場，發現那瓶紅酢售價僅僅 23 元，而進一步研究其製作原料，也只是冰酢酸加紅色食用色素調製而成！誰知 40 年過去了，全臺灣吃魚翅料理幾乎都用上它了（也可以說，還在用它佐味魚翅）！由此可見，廚師們對食材的認識與否，對消費者來說，是多麼的重要的事！而臺灣人一向對食材「不明就裡」的個性，也是造成食安問題層出不窮的一大隱憂！如何辨識食材，讓更多人瞭解，而不容易受騙上當；好的假不了，假的真不了，如此簡單的道理，要靠大家勇於思考、勇於研究、勇於試做。出版本書的其中一個目的，就是想推廣更好的飲食生活。期盼大家一起來努力，把臺灣好的東西保留、發揚，讓我們也

像日本一樣，懂得珍惜食的文化，讓飲食受到大家的重視與關注。

目前外食、外送便利當道，飲食，似乎被「簡化」了。我常想：對於「吃」這件事，因為太簡化，反而變得沒文化！為什麼大家都不喜歡在家做料理了呢？廚房太狹小？夏天做菜太悶熱？有沒有想過，為什麼西餐廳廚房大多乾淨漂亮，而中餐廳廚房常常是悶熱潮濕？西餐廚房對於動線規畫、空調冷氣設備較為重視。況且，我們吃飯總是來去匆匆，父母常常要求子女「快點吃飯」，趕快進房間寫作業、看書，鮮少像西方人坐在餐桌前邊吃邊分享今日見聞、心事，若是能在舒適優美、氣氛融洽的環境中，好好地用心烹調早、午、晚餐任何一餐，並和家人一起品嘗，那就更棒了！

這本《醱酵食光──麴の味》集結了我這幾十年來所看所學，用實驗的精神來創作新式的醱酵與釀造料理，我把傳統方式做改良，經過創新，烹調出美味料理，希望藉由這些創意，拋磚引玉，產生更多的共鳴，進而提昇創意的價值，也對今後想進入食品加工的新人，有所助益。因此，如何保存舊有的文化，再加以發揚光大，將是今後最大的目標！也因此，我「復釀」了全世界唯一的檜木桶酢，「重現」厚工釀造古法，因為我深信：有傳承下來的文化，更有價值！

從事食品醱酵已有經年，從不懂變成半懂，再進入了解、領會的階段，一轉眼，神采奕奕的青年已變成兩鬢飛霜的長者，剩下的餘生，應該更努力來做醱酵釀造的推廣與文化的傳承。

許志忠

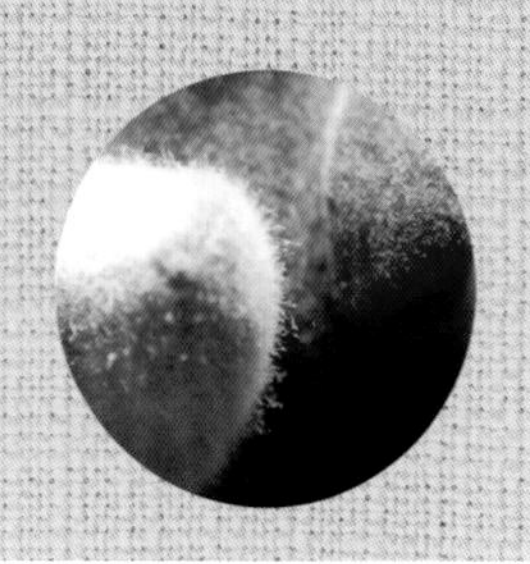

CONTENTS

第2章

第3章 嘉生式料理新技法——醱酵釀造食譜應用　98

甘酒、鹽麴類

味噌類

醃漬（乳酸發酵）類

紅麴類

其他類

PLUS 佃煮類

話源

從世界醱酵史 聚焦臺灣

第1章

釀造力

1977年赴日求學的我，和醱酵釀造結下深厚情緣。
學校師長的訓練與砥礪，
讓我學會看待事物必須深究其後緣由與影響。
長久以來，對於臺灣醱酵釀造的源起與歷程，
我一直關注，爬梳歷史的殘簡，
古老的文獻、日治時期的學者田野調查紀錄、
世界醱酵食品，都是我有興趣研究的焦點，
很高興能有機會與讀者們分享。

世界蓬勃的「手工自釀」與「醱酵力」

近年全世界的餐飲市場關注醱酵，
琳瑯滿目的相關食品陳列在貨架上，
著名的星級餐廳主廚自製醱酵食材創新菜式，
愈來愈多人參加各種手作自釀與醱酵課程。
這股從古代開始蓬發的醱酵風潮，推衍到了現代，
蛻變成絢麗多彩的風格，正在風靡全球！

曾經有人問過我，什麼是「醱酵」？簡單來說，有機物經過細菌、黴菌或酵母等微生物作用（有分解、有合成），而產生新物質的過程，就是醱酵。亦作「發酵」。

醱酵產業除了食品上的應用，在醫學上、工業上也會應用到，譬如全世界第一種抗生素——盤尼西林（青黴素），也是經由醱酵而來。另外，柑橘類原本就含有檸檬酸（Citric acid）。檸檬酸為 1784 年瑞典科學家 Karl Scheele 從檸檬果汁的結晶中單離出來，也稱為「枸櫞酸」，是天然的防腐劑，而現代的檸檬酸都是用醱酵方式製成（著名的「三福化工」曾在日治時期受到總督府釀造部部長勝田常芳的指導，以開發檸檬酸產品起家）。市面上普羅大眾所吃的食品，像是味噌、醬油、醋、米霖、泡菜等，也都是醱酵的產物。科學家們甚至在石油裡面也發現了微生物，而有微生物，就會醱酵。

廚房常見的醬油、米霖、米酢、味噌……都是醱酵食品。

你一定吃過、喝過！常見的醱酵食品

其實，醱酵食品一直存在於我們的日常飲食中，下列所述的醱酵食物，你一定吃過、喝過。如果從菌種來區分，以米麴菌來醱酵的有味噌、醬油、米醂；以酵母菌來醱酵的有麵包、饅頭、啤酒、葡萄酒；以酢酸菌來醱酵的有食酢；以納豆菌來醱酵的有納豆；以乳酸菌來醱酵的有優酪乳、起士及各種醃漬食品。

若從材料來分類，以豆類來醱酵的產品有味噌、納豆、豆瓣醬、豆腐乳、臭豆腐等；以穀物來醱酵則有饅頭、麵包、米醋、酒、酒釀等；利用蛋白質醱酵的有魚露、蝦醬、金華火腿、鹹魚、優酪乳、起士等；利用蔬果和茶葉來醱酵的則有酸菜、泡菜、韓國泡菜、福菜、各式菜乾、酸黃瓜、果酢飲料、醱酵茶類等。

❶納豆，是以黃豆加入納豆菌醱酵的產品。
❷濃縮果酢也是醱酵產品，不論是稀釋飲用或搭配沙拉、涼拌菜，甚至調製成輕盈氣泡飲皆宜。

你所不知道的韓國泡菜

韓國泡菜起源於三國時期，古朝鮮語為Chimchae，對應漢字為「沉菜」，相當於中國的「菹菜」。後來韓國人加入了辣椒、魚醬等增加鮮味，經過當地文化不斷的洗禮，又經改良加入了蘿蔔、水梨等其他食材，演變成今日韓國泡菜的風貌。這是韓國令人學習的精神，雖源於中國，但他們勇於改良、創新，反而走出不一樣的大道！

韓國官方已於2021年7月，正式將韓式泡菜「Kimchi」的標準中文譯名由「泡菜」正名為「辛奇」。

二千多年前的魚醬，世界醱酵食品歷史悠遠

某次，電視節目正在介紹中國廣東客家人用豆腐渣（臺語稱為「豆頭（tāu-thâu）」，是煮好豆子磨碎後以濾布過濾的產物）醱酵的「紅菌豆腐」，讓我聯想到 2013 年曾經去印尼，在雅加達的傳統市場上也看到他們所販賣的豆腐，外觀顏色好似胡蘿蔔一般紅（黴菌的顏色是紅色的），我從來沒見過這樣的食品，等看到電視上出現的紅菌豆腐，我恍然大悟，印尼人所吃的紅菌豆腐，推測是由豆腐渣醱酵而成，可能是由中國傳入。其實，很多東南亞的醱酵食品，例如魚露，應該也是源於中國東南沿海。

而在西元前五世紀的古羅馬帝國，人們使用類似魚露的「魚醬」來做調味料。這種魚醬是以鹽醃漬鯷魚後，經過曝曬醱酵，再加入香草熬煮後裝入雙耳壺後販售。歷史學家們從打撈起來的古羅馬沈船裡，發現許多雙耳細頸瓶，經過科學分析，發現壺底黏著許多魚醬的結晶體。現今義大利的鯷魚露（Italian fish sauce），即是和東南亞魚露極為相似的產品。

世界上做最多醃漬物及醱酵食品的國家應該是緬甸、柬埔寨這兩個國度，人們想盡辦法讓食材能保存得久一點，醱酵就是一個好方法，甚至連豆芽菜都能拿來醱酵！著名的緬甸醃漬食物「Mapei」（日語音譯），是用豆芽菜（綠豆芽）和洗米水或米糠做成的乳酸醱酵食物，

難分難解，到底是腐敗？還是發酵？

長久以來，很多人都覺得醱酵食品是好吃的，但也存在著「好吃，不過聞起來好臭」的觀感，例如對中華民族來說很好吃的臭豆腐，對外國人而言，通常敬謝不敏，反而覺得食物壞掉了；同樣地，冰島人認為醱酵鯊魚肉非常美味，但其他國家的人大概不會有勇氣想嘗試！那麼，這些有特殊味道的醱酵食物，到底是醱酵食品？還是腐敗食物？關於這一點，日本醱酵大師、東京農業大學名譽教授小泉武夫博士，同時也是我大學的恩師，其主張用文化來定義食品是還醱酵是腐敗，我非常贊同小泉教授的看法。

東京農業大學名譽教授小泉武夫博士的著作《麴の話》。

用來和魚或肉拌炒或煮食；而「Mieche」（日語音譯）醃筍絲則是以醃自楊梅、檸檬、辣韮（蕎頭）和魚醬、醬油一起醃漬，待其醱酵後再取其汁液去浸漬蔬菜的莖，加以增添風味。東南亞，真是名符其實的醱酵王國！

另外，小泉武夫教授也在著書中記載：在天涯盡頭的極北之地，加拿大的愛斯基摩人亦有代表性醃漬物：他們將捕獲的海獅（或稱海狗、海豹、海牛、海象）去除掉內臟及皮下脂肪，將海鷗 70、80 隻塞入海獅肚子裡再縫起封口，地面挖洞，將海豹埋入，放地底醃製約 2 年，稱之為「キビヤック」。醃製時酵母菌、乳酸菌起了強烈作用；待醃製完成要食用時，取出海鷗，從肛門處吸食發酵汁液，其名列「世界十大奇臭醱酵食品」。這大概是世界醱酵食物之中，令人覺得最詭異、噁心的例子了。

無獨有偶，韓國全羅南道木浦市的特產「醃漬魟魚（魔鬼魚）Manta Yay ホンオ」（〝ホンオ〞之發音與魟〝Honn〞之發音相同），即使散發出強烈的臭氨氣味，但海畔有逐臭之夫，仍然受到大眾喜愛。此外，瑞典東接波羅的海地區的人們，喜歡將鯡魚加入鹽水封於罐頭中，其味道如何？應該也是其臭無比，因為瑞典政府強烈建議請勿在室內打開鹽醃鯡魚罐頭。

這是醃漬臺灣軟骨鯽魚的鹽漬，準備要製作鮒壽司（ふなずし），吃起來的味道會有微甜的乳酸口感；醱酵之後的鯽魚可當下酒小菜，也可以把附著在鯽魚身上經過乳酸醱酵過的米飯刮起來用小火炒乾，當成調味料來使用，超級美味。

日治時期臺灣釀酒／酢的研究，先民前人的智慧傳承

臺灣醱酵食品多姿多采，
舉凡酢、酒、醬油、泡菜、酸菜、豆腐乳、
豆豉、臭豆腐等，
很多皆是開臺先人與移民們一代代流傳下來，
散見於各歷史文獻。
但若要進一步有系統的
梳理臺灣近代醱酵釀造（釀酒／酢）歷程，
可以從日治時期多位日本學者來臺研究，
對釀酒／酢的文字紀錄裡看出明確條理。

日本明治維新初期全力西化，政府招聘先進國家如英國的許多學者，希望能師夷之長。不過，英國人重視學理，但對於日本的農、漁、化學及教育沒有下太多心力，因此日本政府轉而聘請對農業、教育較為重視的德國學者。此舉也連帶讓後來學習農漁的日本學子受到影響而紛紛至德國留學，例如後來擔任臺灣總督府工業研究所醱酵部長的中澤亮治博士，就曾在德國研習細菌學。影響所及，日治時期的臺灣，也受到日本影響，在醫學與農業方面的研究與教育，也承襲自德國。

日本農經學者大舉訪臺，留下珍貴的研究文獻

二十世紀初期的日本，若是想要升等東京大學的教授，必須要到國外留學，而第一次世界大戰及二次大戰當時，在醱酵釀造這方面科學化研究較為活躍的德國，因為戰事無法前往，這些學者只能就近前往中國或臺灣，尤其臺灣總督府有這方面的研究設施，更因此造成臺灣醱酵研究的蓬勃。

西元1895年成立的臺灣總督府，在經過治臺初期的紛亂底定之後，便於臺灣各地從事大規模的田野調查。為了進一步對臺灣各項產

業、衛生進行調查、研究與實驗，1909 年在臺北市幸町一番地（現址為教育部所在地，建築物現已拆除）設立臺灣總督府「中央研究所」，本部建築由小野木孝治採用法國文藝復興風格做設計。1939 年搬遷至大安十二甲（現今臺北市仁愛路三段），同時撤廢中央研究所，其工業部獨立為「總督府工業研究所」，其下分為四部一課，其中的「醱酵工業部」有系統的在實驗室裡對醱酵做記錄、分析與研究（1945 年臺灣省政府接收工業研究所，成為「工業研究所大安所」。1949 年因戰略考量、國防優先，建築物借予空軍總部使用。2012 年空總遷出，2015 年工業研究所僅存的二號館建築登錄為臺北市市定古蹟）。

日治時期對於臺灣醱酵研究的蓬勃，還有另一個原因：很多日本有名的釀造醱酵、農經學者來臺進行研究，例如發明胃腸藥的坂口謹

調查、研究、實驗——總督府工業研究所的四部一課

工業研究所調查、研究、實驗的項目，分為四大部、一課。
1. 有機化學工業部：樟腦、精油、燃料、油脂、纖維。
2. 無機化學工業部：礦物、金屬、電爐工業、電解工業、窯業、用水。
3. 醱酵工業部：醱酵微生物、各種菌種、醱酵化學、醱酵原料及製品（包含酒、酢、糖蜜等）。
4. 化學分析部：化學分析及煉瓦。
5. 總務課。

協助中澤亮治，建構臺灣醱酵技術的陳泗涬

1922年進入臺灣總督府中央研究所工業部釀造科擔任雇員的陳泗涬，曾經參與中澤亮治博士所領導的糖蜜醱酵釀造酒精技術研究。他協助中澤亮治、武田義人蒐集臺灣本土酵母菌種，並逐一檢驗這些酵母的糖蜜醱酵能力，從中找到最優秀的酵母菌，並進行工業實驗，生產糖蜜酒精。可以說陳泗涬是建構日後臺灣醱酵技術的幕後功臣。

一郎博士，採集原住民口嚼酒釀造過程口述資料的住江金之博士，以及臺灣總督府工業研究所發酵工業部長的中澤亮治博士等。

坂口謹一郎vs.住江金之《古酒新酒》，詳載口嚼釀酒

提到臺灣的醱酵，除了釀造製酒，原住民的飲酒（釀酒）文化亦是非常重要的一環，我認為「口嚼酒」（即為用唾液醱酵的酒）可以說是重中之重的文化遺產。

其實，口嚼酒不是臺灣原住民特有，《隋書・靺鞨傳》曾記載：「嚼米為酒，飲之亦醉」，可見，嚼米成酒，在中國古代亦是原始的造酒方法；諸多研究文獻亦提及古代的柬埔寨、琉球、波里尼西亞、日本、南洋一帶與南美亞馬遜地區也有製作口嚼酒的文化。不過，最早記載臺灣原住民以粟（小米）為麯釀酒飲酒的文獻，出自《太平御覽》中的《臨海水土志》：「三國時孫權曾派軍渡海東往夷洲，島民以粟為酒，木槽貯之，用大竹筒長七寸許飲之。」

到了日治時期，在殖民政策的政治考量之下，日本政府大量地對臺灣進行調查，臺灣總督府並在1901年成立「臨時臺灣舊慣調查會」，初期以漢人的習俗為主，後來針對原住民做系統性調查。西元1923年（大正12年）「臨時臺灣舊慣調查會」核心成員之一、學史出身的佐山融吉與其同事大西吉壽，將10年來所採集的泰雅族口傳敘事，撰寫成《生番傳說集》，其中內容就溯及嚼粟造酒母的口嚼酒起源。二戰

360年前荷蘭東印度公司末代臺灣長官——揆一的獄中書

被鄭成功於1662年擊敗的荷蘭東印度公司最後一任臺灣長官揆一（Frederick Coyet），在投降之後返回巴達維亞（今之印尼雅加達），因遭到起訴而在獄中撰寫的《被遺誤的臺灣》一書，記載了臺灣原住民嚼米釀酒之事。而1687年（康熙26年）任職臺灣府儒學教授的福建學者林謙光，在其所著《臺灣記略》一書中亦記載原住民：「取米口中嚼爛，藏於竹筒，不數日而酒熟。」

後的1956年，臺灣在地的學者也進行了原住民文化的田野調查，當時的中央研究院民族學研究所籌備處主任凌純聲博士率領其助理李亦園，於新竹縣五峰鄉賽夏族部落，拍攝了「嚼酒法」珍貴的影像，更加充實了原住民口嚼為酒的文化紀錄。

300年前的探險家，郁永河的文字紀錄

為原住民口嚼酒留下清晰文字記載的，還有康熙36年（西元1697年）自福州來臺開採硫磺的地方官員幕僚郁永河，他從廈門乘船抵達安平（臺南），組織牛車隊率團北上，費盡千辛萬苦，沿途經過各個原民部落，對於所見所聞、風土民情多有紀錄，後來抵達淡水經原住民的幫助順利開採北投的硫磺，並完成提煉工作。郁永河回到福建之後將這九個月又十天的旅臺經歷寫成《稗海紀遊》，書中提及原住民「聚男女老幼共嚼米，納筒中，數日成酒。」並收錄詩作，其中的《土番竹枝詞》二十四首之十七，寫道：「誰道番姬巧解釀，自將生米嚼成漿。竹筒為甕床頭掛，客至開筒勸客嘗。」寫實地呈現臺灣原住民從製酒到飲酒、熱情好客的酒文化。

關於臺灣原住民釀酒與醱酵的更詳細記載，可以在日本東京大學名譽教授坂口謹一郎博士在1978年所著的《古酒新酒》這一本書找到。坂口謹一郎博士有兩位學長，都是少數在臺灣有嘗到口嚼酒記錄的學者；一位是中澤亮治博士，他是日治時期臺灣總督府中央研究所醱酵部長，另一位是東京農業大學釀造科創系名譽教授住江金之博士。兩位學者一位常駐臺灣，一位造訪過臺灣。中澤亮治博士於大正4年12月，經在地駐警協助探訪鄒族チブー社（基布屋）舊社（石埔有社，在日治時期稱原住民部落為「社」，其造訪過的地點屬今日的嘉義縣阿里山鄉特富野的樂野村6鄰），也親嘗過口嚼酒，並口述了口嚼酒製作過程。

日本東京大學名譽教授坂口謹一郎博士的著作：《古酒新酒》。

書中詳細記載將口嚼酒的原料「糯栗」（原生種小米）浸泡6小時，用藤製籠子瀝水，放入石臼中搗成粉狀後，移至鐵鍋中，加水，用鐵製的へら（長柄木製飯匙）一邊加熱一邊攪拌，煮至米變軟時，在藤籠內抹上米粉（使藤籠不會漏水），撈起瀝水，冷卻至50℃左右，放入藤籠中。族中男

女把口漱乾淨後，圍坐在藤籠旁，以食指和中指將籠中的米塊與米粥混在一起，捏起一些放入口中約嚼 20 次，此時再用食指和中指再取一些放入口中，與前回的一起口嚼，如此重覆動作 5 次，當口中滿滿都是口嚼過的混合物時，吐出，所吐之物液體表面呈現光澤。

在口嚼糯栗的同時，釀酒酸酵用的陶罐要先用熱水洗過，再沖一次熱水把罐子加溫，使用木頭燒過之後的木灰，取約3公分厚度，陶罐放在熱灰上保溫，此時將前述口嚼過的液體與浸漬生米粉碎過的粉，以1：2的比例加入罐中，再加入等量水充分攪拌均勻後，用ツオウ（姑婆芋）葉片覆蓋，讓姑婆芋葉片上的菌也發揮醱酵作用（一般植物的葉子上會附有很多野生酵母菌和黴菌）*，夏天時經過一個晚上的時間醱酵，冬天則需要兩個晚上醱酵，就會很旺盛。完成後用藤製的袋子過濾就是口嚼酒。口嚼酒飲用起來感覺有點酸，但沒有澀味和苦味，非常爽口。經過取樣分析，酸度接近1%，酒精度可達 11%，是啤酒的一倍多。

而另一位住江金之博士的經驗，也曾經目睹過卑南蕃社（推測為現今苗栗公館）的祭禮用酒：「看到數位看起來年紀差不多是 15、16 歲到 17、18 歲的少女，將飯煮成較軟的狀態，再用三支手指（可能

---

*備註：我曾見過宜蘭有人製麹使用絲瓜葉、香蕉葉覆蓋，之前授課時有學員來自中國河南，她們家鄉製麹則是使用荷葉來覆蓋。

杉本良的記錄，南澳社泰雅族的釀酒法

此外，曾任臺灣總督府專賣局事務官杉本良（1887～1988）。在其昭和7年（1932年）所出版的著作《專賣制度前の台灣の酒》提到南澳社泰雅族的釀酒法：「將蒸好的小米放入口中咬嚼，再吐入瓢（葫蘆）中，約4日後變成『酒母』。蒸好小米放入竹製畚箕中，再與上述酒母混合，再放置4天後加水放入甕中，即成口嚼酒。」杉本認為這種先咀嚼小米利用唾液製造酒母的釀酒法，是當時最好的釀酒方法。

是拇指、食指和中指）取飯放入口中長時間咬嚼，直到感覺到甜味，吐在平底竹籠上（再將地瓜磨成泥漿，塗在竹籠表面，如此稠狀液體才不會滲漏掉），經過一整夜醱酵作用，第二天即可取來飲用。」住江金之博士親自飲用口嚼酒的感覺是：已經不成粥狀，甜味類似「甘酒」，幾乎感覺不出帶有酒精。

口中亦有酵母菌！小泉教授的口嚼酒實驗

為了研究口嚼酒，我的恩師，東京農業大學釀造學科小泉武夫教授，曾讓四位學生將米飯放入各自口中，同時咀嚼4分鐘（隔日參與實驗的學生嘴巴痠痛好幾天），再吐至容器內，如此米糜所測出的酒精濃度，經過分析，可達到9%。

從小泉武夫教授的研究來印證口嚼酒，大部分的傳說是經由口中唾液的酵素，來分解經過長時間咬嚼的澱粉，使其轉換成葡萄糖，再經過空氣中酵母落菌的作用，自然醱酵而成；而小泉教授為了印證，找來四位學生來做口嚼酒實驗，結果在學生的齒垢中分離出大量的酵母菌，如此驗證口嚼酒的製作並非只靠著空氣中的酵母落菌，而是人們口中也含有的大量酵母菌使然！

小泉武夫教授的口嚼酒研究，與住江金之等學者描述臺灣原住民如何釀酒的詳細過程（利用食指和中指夾住米飯放入口中咀嚼），皆是鉅細靡遺地踏查、一一詳實記錄，令人由衷佩服日本人的研究精神。

知識通

烏干達的獨木舟香蕉酒，世界釀酒趣聞

在小泉武夫教授的另一本著作《臭，就是好吃的？》中，也提到世界上口嚼酒（口がみ酒 Kuchikami酒）的相關趣聞：烏干達的香蕉酒，主食材是未熟的青香蕉，由於物資缺乏沒有大型酒甕可供使用，於是將大量未成熟的青香蕉，放入木製的獨木舟中，上面覆蓋香蕉葉，讓其醱酵，取其汁液過濾後即可飲用，如此釀出的酒味道特別濃，擁有類似薑黃的香氣；這股香氣順風飄至下游村落，據說會吸引村落中人拿著飼養的雞隻前來，藉「雞」換些酒來喝。同樣放在獨木舟內醱酵的口嚼酒製法，也在南美洲的亞馬遜地區流傳著，不過原料換成了樹薯（木薯），但由於衛生方面觀感不佳，目前已改成用甘蔗汁來醱酵。

從芳釀製酒到公賣局臺北酒廠，華山前世今生

我小時候就讀的幼稚園，就在現今臺北市新生北路與忠孝東路交界的「華山1914 歷史文化創意園區」裏，是臺灣省菸酒公賣局附屬的「立本幼稚園」（有沒有發現，「立本」二字與「日本」臺語發音相同，似乎有著連結？！），因此，對於市中心的華山特區，有著濃厚的情感。這裏每到假日總是活動、展覽、人潮不斷，而在一百多年前，這兒曾經是締造臺灣釀酒黃金時代的龍興之地。

1914年，將臺灣視為日本國土延伸的「內地延長主義」氛圍瀰漫日本，使得臺灣總督府決心要在臺灣複製日本的民生產業。嗅到這股商機的日本人阿部三男，找來曾為日本政府推動酒造稅的藤本鐵治，一起在當時名為「三板橋庄大竹圍」（以前華山被稱為「三板橋」，而建國啤酒廠的前身為「朝日酒廠」）的土地上，開設了「芳釀社造酒工場」，並從日本運來全臺第一座專業冷卻設備，釀造出第一支臺製日本在地清酒「胡蝶蘭」。在查閱相關資料時，我還發現一件有趣軼事：1916年7月7日《臺灣日日新報》所刊登的酒類廣告中，「胡蝶蘭」被不小心誤植為「蝶胡蘭」！

「胡蝶蘭」清酒一舉成名，吸引了來自日本的資金，第二年，挾著雄厚實力的資本家安部幸之助集資之後入主「芳釀」，改組之後成立「日本芳釀株式會社」，安部擔任首任社長，「芳釀」也成為全臺最大的製酒工場，並成為中國福建省立甲種農業學校師生來臺參訪見習之處。極盛時期的「芳釀」，員工人數最多高達四百多名。然而好景不常，在追逐利益的安部社長主導之下，「芳釀」製酒開始偷工減料，一次大戰後慘澹經營，面臨倒閉。到了1922 年，臺北的地址採用日式「町」名，為了紀念第一任臺灣總督樺山資紀，「芳釀」所在地址改為「台北州樺山町80 番地」，樺山町因為樟腦會社、紡織工場、工業學校陸續進駐而開始繁榮起來。

一次大戰後日本實施專賣制，「芳釀」改名為「台北專賣支局附屬台北造酒場」，之後調整為「臺灣總督府專賣局臺北酒工場」，由專賣局直接管轄，釀酒的新鍋爐、新煙囪取代老舊的製酒設備，除了釀造清酒，更生產洋酒，為帝國政府賺進大把鈔票，直到二次大戰結束，1945年由國民政府接收，「樺山町」成為公賣局所屬的「臺北酒廠」。

酢文化的保留與傳承，穀盛酢鄉文物館

中華民族食酢的文化由來已久，但大眾普遍不清楚酢的製作與歷史，我一直希望能把釀造（尤其是酢）的文化傳承下去，以達到在地企業回饋社會的目的，因此總是想藉由實地探訪、現場互動體驗的方式來完成，於是興起興建文物館的想法。

❶館內陳列穀盛公司第一部業務小貨車，前方是西班牙雪莉酒橡木桶。在嘉義廠區地下室酢窖裏，將紅麴酢放入桶內來熟成，創造新風味。
❷酢鄉文物館雖然不大，但是收藏不少和釀造相關的器物。

❶古早時候鮮少紙盒、紙箱可以包裝，善用有彈性的竹條與繩索巧妙做成竹籠，內放酢／酒瓶，就能輕輕鬆鬆舉起18000ml的一斗瓶，而不用擔心碰撞。用草繩也可以捆住一打糯米酢瓶，不僅牢靠，也方便提起。

❷古今釀酢的工法不同，酢鄉文物館特別製作燈箱將古時候的釀酢與現代化的製酢過程完全公開，讓參觀者得以了解其對比。

幾次尋尋覓覓，一次機緣巧合，在日本覓得不少古老的製酒、釀酢文物，歷經三年籌備興建，在嘉義穀盛公司內成立了「穀盛酢鄉文物館」。

❸在穀盛嘉義廠內的涼亭內，設置有一座「和釜」（大鑄鐵鍋）。
❹各種酒的裝盛容器：陶甕、斗罐（褐色、白色）及清酒容器。
❺桌面上後排的「木刻瓶」，是從前製作玻璃瓶時的木製模具，從實心木瓶的外型，約略可以看出所製作玻璃瓶的造型。在木刻瓶前方的陶、瓷製及玻璃製的瓶罐，是本館收藏的桌上型調味醬油壺、瓶及調味酢瓶（醤油差し／しょうゆさし／Shouyusashi）。

除了酢的相關介紹，「穀盛酢鄉文物館」更展示了製酢流程與文化，另外還收藏著一批極為珍貴的製酢文物：150 年前的壓榨機、千人份大鑄鐵鍋（和釜）、八十餘年歷史的陳年古酢……雖然年代久遠，文物館中的收藏都是真材實料，迄今依然保存良好。除了靜態的展示說明，文物館裡亦設有「醱酵體驗活動室」，特別針對參訪團體提供影片欣賞與現場教學示範，民眾可以體驗水果酢 DIY 以及味噌醱酵的料理教作活動，在寓教於樂中對醱酵文化有更深一層的體會。

❶可煮千人份食用米的大鑄鐵鍋。
❷館方收藏的珍品——歐式二段式天秤。
❸猜猜這是什麼工具？圖左為放置印章的木架、右為辦公用墨水台。
❹1940年代工廠內醱酵用的大木桶。

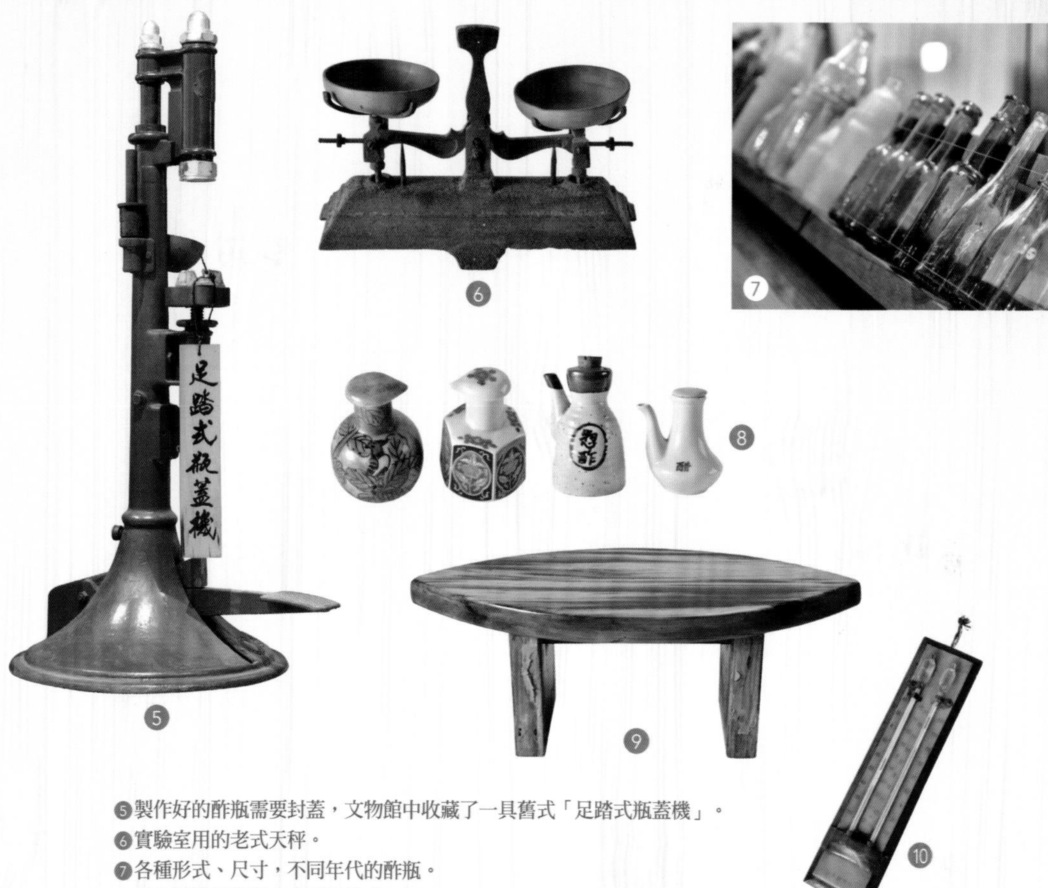

❺製作好的酢瓶需要封蓋，文物館中收藏了一具舊式「足踏式瓶蓋機」。
❻實驗室用的老式天秤。
❼各種形式、尺寸，不同年代的酢瓶。
❽外觀精緻的瓷製桌上型醬油壺、瓶。
❾利用廢棄檜木桶底部兩片圓形檜木，做成館內休憩的木椅。
❿日治時期在製麴室內使用的濕度計。
⓫傳統製麴麴室。
⓬我的父親在實驗室裏做實驗分析，當時大約是24、25歲。左上角還貼有古早的廣告海報。

冷知識通

枅vs.升，日本的計量單位

「穀盛酢鄉文物館」陳列了用來量米或量水的「角盛桝」。「桝」為漢字，通「枅」字，有酒杯、器皿之意。「枅」的日文為ます（masu），為昔日日本用來計量穀類、油、鹽、麥、種子與酒的單位。早在1300年前日本就已經用枅來度量，一枅相當於現在的1800ml，而目前一般市面上販售的一升瓶清酒就是1800ml。在日本居酒屋的酒單中，日本酒會用1合的單位來讓客人注文（臺語發音為tsù-bûn，源自日語ちゅうもん，有點餐、訂購之意）。時至今日，枅也演變為祝賀場合中飲用清酒的酒器，最常見的是一合枅的容量（180ml）。現在的日本，已經很少使用枅來計量，不過，「酒一合枅」、「米一合」的說法仍然常見。

另外，我曾經聽過一個「偷斤減兩」的小故事：一位不老實的商人用「枅」來計量客人要買的種子，他用大拇指插入方形枅的一角，如此「舀」了大約9次，就能省大約1杯的種子，這種缺德的行為實在不可取！

日本容積度量衡換算表（尺貫法）

日本容積度量衡換算表（尺貫法）
1勺=18豪升(ml)
1合=180豪升(ml)
1升=1800豪升(ml)=1.8公升(l)
1斗=18000豪升(ml)=18公升(l)
1石=180000豪升(ml)=180公升(l)
20石=3600公升(l)=3.6噸（t）
25石=4500公升(l)=4.5噸（t）

❶穀類專用的五升量筒。
❷日治時期用來量米或量水的角盛桝。
❸盛裝酢或酒的古早玻璃容器，中間最大瓶的是一斗瓶（容量18000ml），一斗除了玻璃製，也有木（箱）、陶、瓷等材質，18公升玻璃瓶最早是用來裝蒸餾水的。
❹用來釀酢的檜木桶，容積為4.5噸，相當於25石，另外還有3.6噸的，相當於20石。

MEMO

鎮館之寶——1941年釀造生產的陳年古酢

「穀盛酢鄉文物館」最為珍貴的館藏，是1941年在臺灣生產的一瓶擁有八十多年歷史的古酢。這是日治時期武田義人、勝田常芳與臺灣總督府工業研究所發酵部長中澤亮治等人取得食酢製造之特許，以米酒醪（酒粕）蒸餾液，經科學方法處理醱酵而成，並獲得財團法人臺灣發明協會專利。

・工研酢　台湾発明協会
・公定価格品　規格證表
釀造酢
酸度…四、三%～
エキス分…0、一二～
台湾発明協会

證明書
釀造酢は、台湾総督府工業研究所に於って中澤亮治、武田義人、勝田常芳の三氏が発明されたものであります。
専賣局酒工場アミロ法に於って、米を原料とし純粋醗酵。
米酒醪・酒粕・蒸溜原液に科学的処理を施して風味を改良し原液を酢酸醗酵させたものであります。
酒醗酵中に発生した、琥珀酸、乳酸、還元糖、全窒素、シュウ酸、糖分、糊精、デキストリン、グリセリンの成分其他に糖化菌及酵母等に於って生成され、栄養素が含まてあります。酢酸酢とは比較的にまろやかなな味で極めて栄養素が豊富の食酢であります。従って、色も稍微明るめで香気もあり、米酢としての特徴を表現しています。
何卒御使用御批判を宜しく御願致します。

特許第一二八一五三號
臺北市幸町五番地　工研酢
台湾発明協会
電話：八四六一番

❺鎮館之寶，1941年所生產的古酢正面。
❻古酢背面雖已斑駁，卻依稀可見其日文詳細記載研發並取得專利。
❼1941年代販售給家庭使用的小瓶裝釀造酢，約150ml。
❽1941年代業務用的釀造酢，約560ml。

老器具說故事，圖解各式釀酢工具

接菌箱：接菌箱，又稱為「無菌箱」（在接菌時空氣是不能流通的，空氣流通雜菌就會汙染接菌流程）。館藏展示的接菌箱，為1940年代的文物。菌種培養的成功與否，在在影響酢的釀造風味與品質，是釀酢的第一步。傳統釀酢透過接菌箱來保存以及繁殖酢酸菌，菌種培育成功後，方可進入釀酢的作業流程，因此，接菌箱，可以說是酢的醱酵之母！

木製麴盤與麴蓋：「麴盤」為製酒或製酢之第一道醱酵過程中所必備的工具，為杉木製成，具有「吸濕強、散熱佳」的特性，一般鐵製或塑膠製品無法取代。唯在清洗和殺菌過程的管理上必須更加嚴格，才能製出高品質的白色毛狀「白麴」。而「麴盤」與「麴蓋」有何不同？將麴盤翻面蓋在麴盤上，即稱為「麴蓋」。

半切桶：半切桶有大有小，用來攪拌做酒母，使其能平均醱酵。其實在日本料理店，用來拌壽司飯的木桶也叫「半切桶」（Hanngiri）。

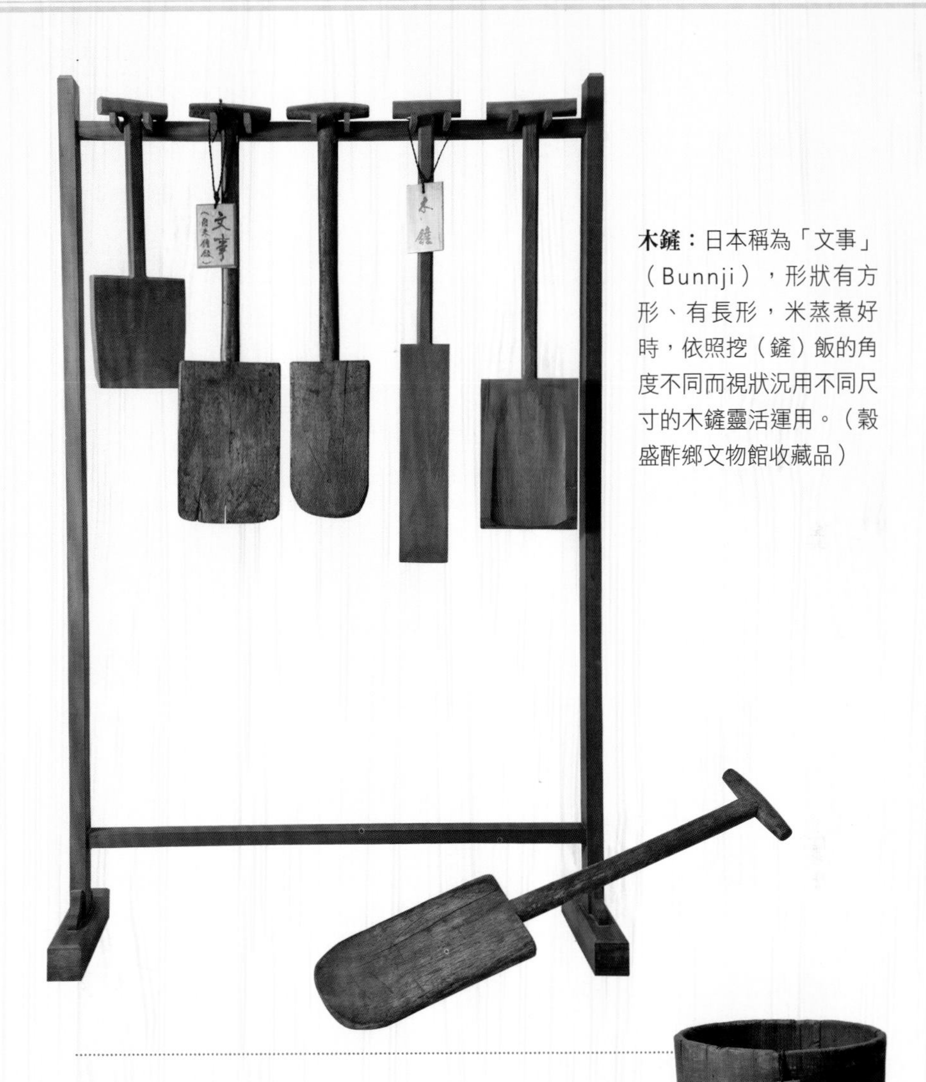

木鏟：日本稱為「文事」（Bunnji），形狀有方形、有長形，米蒸煮好時，依照挖（鏟）飯的角度不同而視狀況用不同尺寸的木鏟靈活運用。（穀盛酢鄉文物館收藏品）

濾酢木桶：古早時代過濾酢，設備簡單，僅將過濾用的未脫脂棉花（醫療用棉花已脫脂）置放桶內，從上倒入醱酵完成之酢液，利用自然落差方式進行簡單過濾。不像今日，是用過濾機與矽藻土助濾劑來進行更清澈、更完全的過濾。昭和56年（1981年）我還在日本Maru kann酢公司工作時，就曾看到工作人員仍然使用未脫脂棉花過濾酢液（未脫脂棉經過清洗之後可重複使用，這就是環保概念）。

製（釀）酢／酒木桶：「製酢」為第三道手續。根據常理來説，當然要製出好的麴與好的酒，才有可能製出好酢。酢酸菌為一種好氣性的細菌，因此在醱酵過程中除了會產生醱酵熱外，還會在液體表面長滿狀似宣紙的白色菌膜，此即俗稱的「靜置醱酵法（或平面培養法）」。而進行「靜置醱酵法」釀酢，除了必須仰賴經驗豐富的工作人員來操作之外，還須避免強烈震動，這對於位於地震帶的臺灣，也是管理上的一大問題。

館藏所展示的釀酢／酒木桶，其尺寸為高180公分，底部直徑119公分（內直徑113公分），頂部直徑156公分（內直徑147公分），木製桶底則厚達10～12公分、容量為2噸。

大片手桶、小片手桶：片手桶有大有小，用途是將液體從大容器分舀至小容器。

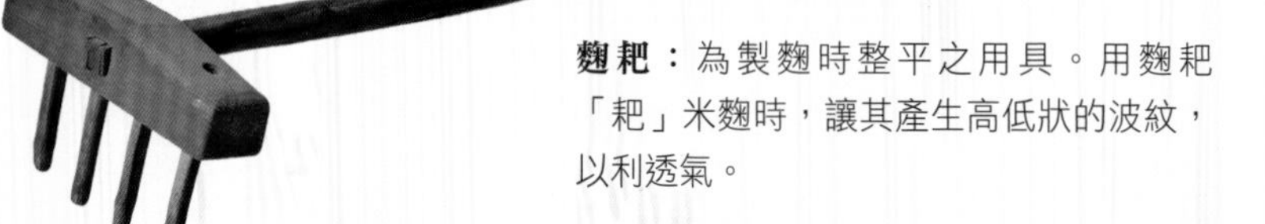

麴耙：為製麴時整平之用具。用麴耙「耙」米麴時，讓其產生高低狀的波紋，以利透氣。

暖氣樽（だきたるDakitaru）：可在製酒時調節溫度。放在釀酒大木桶正中央，以木條穿過中間固定住。酒的醱酵溫度過高（太熱時會臭酸）時，暖氣樽內就要裝冰冷水，以降低溫度；冬天時液體溫度太低，暖氣樽內就裝熱水來調節。

銅製手壓式無電力幫浦：以前沒有電動幫浦，只有手壓式的無電力幫浦。

銅製過濾器：用來過濾酒，不可用在酢的過濾，因銅重金屬會被溶解出來。

阿彌陀車（上方）及石掛式壓濾機（下方）：
利用滑車（又稱為「阿彌陀車」）的滑輪及槓桿原理，吊掛石頭，將壓在上方的大木蓋吊起來，方便取出酒粕。

品管分析：品管分析，是傳統釀酢過程中要求最嚴格的一環。以酸鹼滴定方式透過儀器分析，如果產品品質與口感未達檢驗標準，則將整批重製，雖然耗時費工，卻是維持品質的不二法門。館藏展示品為1940年代的分析設備。

中國式無蓋半撈箱：類似「畚箕」的功用，用來撈（鏟）起木桶底部殘留液體。日本式為無蓋式，稱為「かすり」（Kasuri）。

長柄水勺：將釀造木桶裡的液體，用水勺舀至濾酢木桶以過濾。

識麴

醱酵與釀造的「食」光

第2章

「麴」的世界琳瑯滿目，
對「麴」有興趣做深入研究的人，要想了解精細全貌，
恐怕得用上一生一世！
但我們還是可以管窺入門「麴」的世界。
麴菌，如何被發現？
中國最早的麴菌文獻和日本米麴
最早的國際日語論文又是何時發表？
如何從原料、形狀、顏色、文字來區分各種「麴」？
本章詳述米麴的製造工法，
並且羅列米麴之直系與旁系的家族樹「麴譜」，
期盼能引領讀者領略「麴」的「食」光魔法！

魔法

揭開米麴的神祕面紗

麴菌，通常是指用在釀造醱酵食品的黴菌總稱，
每種麴菌都有其特性，
其中又以「米麴」最被廣泛討論與應用。
最近幾年流行的甘酒與鹽麴，
其製作和米麴息息相關，
一起來探訪米麴的奧秘！

「麴黴菌」，學名為 Aspergillus，是由幾百種多細胞黴菌菌種所組成的菌屬，在許多地方都可以發現其蹤影。Aspergillus 原義是「撒水器」（狀似聖水勺），1729 年由義大利神父 Pier Antonio Micheli（皮耶．安東尼歐．米凱利）首次發現並記錄。特徵是菌絲上長出許多分生孢子柄，在顯微鏡下看到的景象，宛如一個人頭頂上有許多直挺挺的毛髮。麴菌，通常是指用在釀造醱酵食品的黴菌總稱，包括了

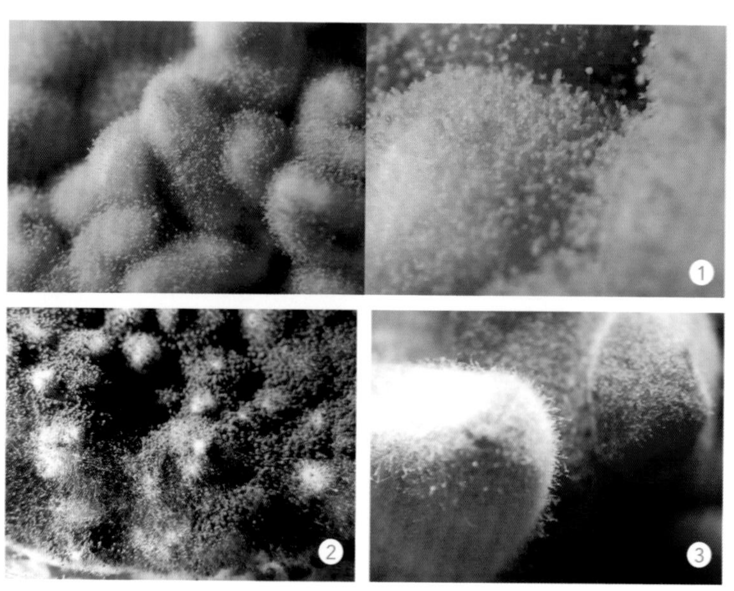

❶第四天的米麴菌，右圖放大之後可看到菌絲上長出許多分生孢子柄。
❷顯微鏡下拍攝的第六天黑麴。
❸醱酵至第六天的紅麴。　（圖片提供／穀盛公司）

黃麴菌（米麴菌）、紅麴菌、白麴菌、黑麴菌等。Aspergillus（麴黴屬）旗下比較常見的種名為 Aspergillus oryzae（米麴黴菌）、Aspergillus niger（黑麴黴）、Aspergillus sojae（醬油麴黴）。

麴之始祖「糵」——中國最早的麴菌

種麴，中國稱為「糵」（讀音：ㄅㄛˋ），是指中國最早的麴菌。自古以來的文獻皆有提及，譬如：《尚書 說命下》王曰：「來！汝說。台小子舊學於甘盤，既乃遯于荒野，入宅于河。自河徂亳，暨厥終罔顯。爾惟訓于朕志，若作酒醴，爾惟麴糵；若作和羹，爾惟鹽梅。爾交修予，罔予棄，予惟克邁乃訓。」「麴糵」指的是「酒麴」，全文大致意思是君王雖然有美好的潛質，仍然需要賢臣加以輔佐，方能成為有德的君主；就像製作甜酒，需要酒麴，又如烹調羹湯，需要鹽與酢，臣子要多方指正，不要拋棄君王。而《說文》也提及「䊰，酒母也。從米，𥸥省聲。鞠，䊰或從麥，鞠省聲。」「䊰」為麴之異體字。

《禮記．月令》更記載「仲冬之月……乃命大酋，秫稻必齊，麴糵必時，湛熾必潔，水泉必香，陶器必良，火齊必得，兼用六物」說明釀酒的「六必」原則，而其中「麴糵必時」，意思是麴糵的供應與製造必須適時。

MEMO

關於釀造學米麴菌，最早的日語論文

1876年，德國植物學家Herman Ahlburg應Korschelt教授之邀，前往日本東京醫學校（即今日的東京大學醫學部）任教，協力研究米麴菌，最初研究的學名為Eurotium oryzae。1878年，Herman Ahlburg教授的助理教授松原新之助將Herman Ahlburg的研究翻譯成日文，在《東京醫學雜誌》發表《麴の說》（關於麴），這是當時第一個提及米麴菌的科學論文。

米麴菌的分生孢子會產生酸性的化合物，從前的日本人會將鹼性的木灰混入，達到「酸鹼中和」。
（圖片提供／穀盛公司）

古時候的日本人如何「選」麴？

相較於中國，日本最早的麴菌又是如何被生產出來？其中一個流傳的簡單版本是：煮一鍋粥，放置室外，讓其自然生長黴菌，將黴菌挑起來，與木灰（屬鹼性，可以殺掉不必要的細菌）一起攪拌後，撒在蒸好的米飯上，米飯會長出孢子後，再進一步挑菌使用。

必須提醒讀者的是，如果自己在家也如法炮製，想說自己應該也可以培養出米麴菌！我強烈建議不要自行去做！每個菌種都有其特性，哪一個菌種在何種情況下會有毒（aflatoxins，黃麴毒素、黴菌毒素等）？又在何種環境下有毒？術業有專攻，這些都必須在實驗室裡進行科學的分析。況且老祖宗已經冒著生命危險「神農嘗百草」，留下這麼多有用的菌種，不必再勞心自己挑菌。

另外一個說法是：最早的時候，日本人發現稻米的稻穗長了黴（稱之為「稻麴」），便混和了木灰（使用樹齡大約100～300年的古樹所長出來的10～20年的枝幹來燒製，櫟木、椿樹、山毛櫸等硬質木頭尤佳），將混和物撒在粥上，經過二次、三次重複選菌過程，使米糀顯現，再從中挑選好的米麴菌種。

由於微生物不喜歡處在鹼性環境中，不好的雜菌在木灰中無法生存，較有活性的麴菌依然可以生存，因此也是一種選菌方式，而木灰就變成一種天然的殺菌劑。木灰含有大量鉀和磷，這兩種無機物可以幫助麴菌的生長。此外，米麴菌的孢子會產生酸性的化合物，而木灰是鹼性，剛好可以「酸鹼中和」。況且，將木灰混入蒸好的米飯，產生了空隙，可以讓麴菌呼吸更多空氣。

天然的木灰用途多，可用在造紙、染布、釀造，也可用在燒窯工序，還可以當作農務肥料！因此在古早的日本，草木灰是由小販挑著擔子，四處遊街販售，叫做「灰買」。看到這裏，讀者們是不是和我一樣感嘆前人的智慧何等光輝！他們透過敏銳的觀察力，利用微生物與植物的特性，將優秀的米麴菌篩選出來，令人欽佩。

「灰買」挑著草木灰，四處遊街販售。（摘自《守貞漫稿》）

古早的「種麴」流程大公開

關於日本先民如何種麴，文獻有詳盡的說明。我大學時代的教科書、小泉武夫教授所寫的《麴の話》，裡面就有記載：將米煮成粥狀，放在木碗中，三天之後會長出各式各樣的菌落（如果粥裡的分解酵素很強，菌落的周圍會呈現稍微透明水水的狀態），用小木片把菌落舀起來，移至他碗，輕輕在木灰上，然後每日將碗裏表面舀一小湯匙，再移至別的木碗，連續同樣動作 12 天。

醱酵食品好吃的原因，酵素作用立大功

簡單地說，麴的最大功能，就是藉由醱酵所產生的酵素作用。麴中所含的糖化分解酵素（amylase），可以在55°C～60℃之間（須注意若溫度過高，酵素會被破壞，無法進行分解）把穀類中的澱粉分解後轉換成為小分子的葡萄糖（這就是甜味的來源），可使酵母利用葡萄糖醱酵成酒；麴另外還含有蛋白質分解酵素（protease），可以在40℃～45℃之間把原料中的蛋白質分解成小分子的胺基酸，使醱酵食品能富含旨味（うまみ Umami）。最後還含有脂肪分解酵素（lipase），可使醱酵食品甘油與脂肪酸增添美味。也因此，以麴菌完成的各種醱酵食品，品嘗起來會讓人有「好吃」的感覺，原因就在於麴的酵素作用。

MEMO

六百多年歷史的麴屋三左衛門與麴座許可判

「麴屋三左衛門」是最早在京都從事種麴業的麴屋專門店，至今已有600年歷史。我的一位大學同學和久豐博士，仍然在該公司擔任役員（董事）。在以前種麴不能隨便販售，必須有官方認可，麴屋拿到麴座許可判（黑判）才可以販售種麴；「許可判（黑判）」意指執照，也就是營業許可證。

「麴屋三左衛門」珍藏的足利幕府室町時代的麴座許可判（黑判）。
（圖片提供／麴屋三左衛門）

黑判看板

黑判はんこ

第13天開始蒸米，分成12等份，放在新的木碗中，每天加一點木灰撒在碗中，最初三天會長毛、長紅色與青色黴菌混在一起，幾乎看不出來米麴黴（米糀），但第四天在眾多黴菌中，就可以找到特別醒目的米糀，完成「種麴」的工作。順帶一提，日本麴菌的分類，是由坂口謹一郎博士在1933年（昭和8年），從麴菌的生理、型態去研究，確立了日本米麴菌的學名 Aspergillus Oryzae。

從原料、形狀、顏色、文字區分各種麴

大家可能在眾多媒體報導中看過黃酒、高粱酒的釀造過程，所使用的是一塊塊如磚塊的塊麴（又名「餅麴」，液化能力較差，但糖化能力強），中國的（米麴）釀造也多是塊麴（有分球型、磚塊型），韓國使用的是錐形麴，日本使用形狀像一粒粒米的散麴。中國和韓國的塊麴與錐形麴，是屬於接受大自然的麴菌，所以僅長在塊體表面，必須多次接菌，例如高粱酒的塊麴必須打碎，和蒸熟高粱混合釀酵好，再去蒸餾，但因為高粱分解較慢，因此必須再撒一次菌種釀酵好，再蒸餾一次，以此類推，所以有「一鍋頭、二鍋頭、三鍋頭」的區分，而一鍋頭的酒精濃度高於二鍋頭，二鍋頭又高於三鍋頭；除了酒精濃度，香氣亦是如此，一鍋頭最香！

味噌、清酒、醬油、米霖所使用的麴，皆為散麴，為什麼日本喜歡用散麴？因為米粒般的散麴面積小、菌體多。散麴（白麴），被日本人視為日本獨有，其實是錯誤的認知，中國自古流傳下來的紅麴，也是屬於散麴。

顯微鏡下的米麴黴菌及米糀。（圖片提供／麴屋三左衛門）

利用黃豆做的豆麴。

做米麴的原料有很多，白米、小米、麥、高粱、黃豆、蠶豆，都可以拿來做麴，凡是含有澱粉的穀類都可以做麴，更細部來說，用米來做的稱為「米麴」，用麥來做的稱為「麥麴」，用高粱做的叫做「高粱麴」，用黃豆來做的稱為「黃豆麴」，用蠶豆做的就是「蠶豆麴」，中國北京的老字號醬園「六必居」，就是用蠶豆麴製作豆瓣醬（臺灣則大多使用黃豆製作）。若用豆類做麴，其實掌握一個原則：蛋白質含量最高的豆類（黃豆），所做出來的醱酵食品味道最鮮！再舉一個例子，紅豆也可以拿來做納豆，只是做出來好不好吃，如何克服好不好吃的問題，關鍵就在技術。

另外，如果以原料的種類來看醱酵這件事的代表文字，常用的「麴」字為「麥」字邊，其異體字為「麯」，可以解釋為大麥、小麥、

知識通

各種麴區分簡表

顏色：白麴、黑麴、黃麴、紅麴
形狀：塊狀（長方形磚或正方形磚）／高粱酒麴、錐形／韓國麴、球狀／酒釀麴
原料：白米／米麴、小米／小米麴、麥／麥麴、高粱／高粱麴、黃豆／黃豆麴、蠶豆／蠶豆麴

右圖由左順時鐘方向依序為豆麴、白麴、麥麴、紅麴。

麴的類別

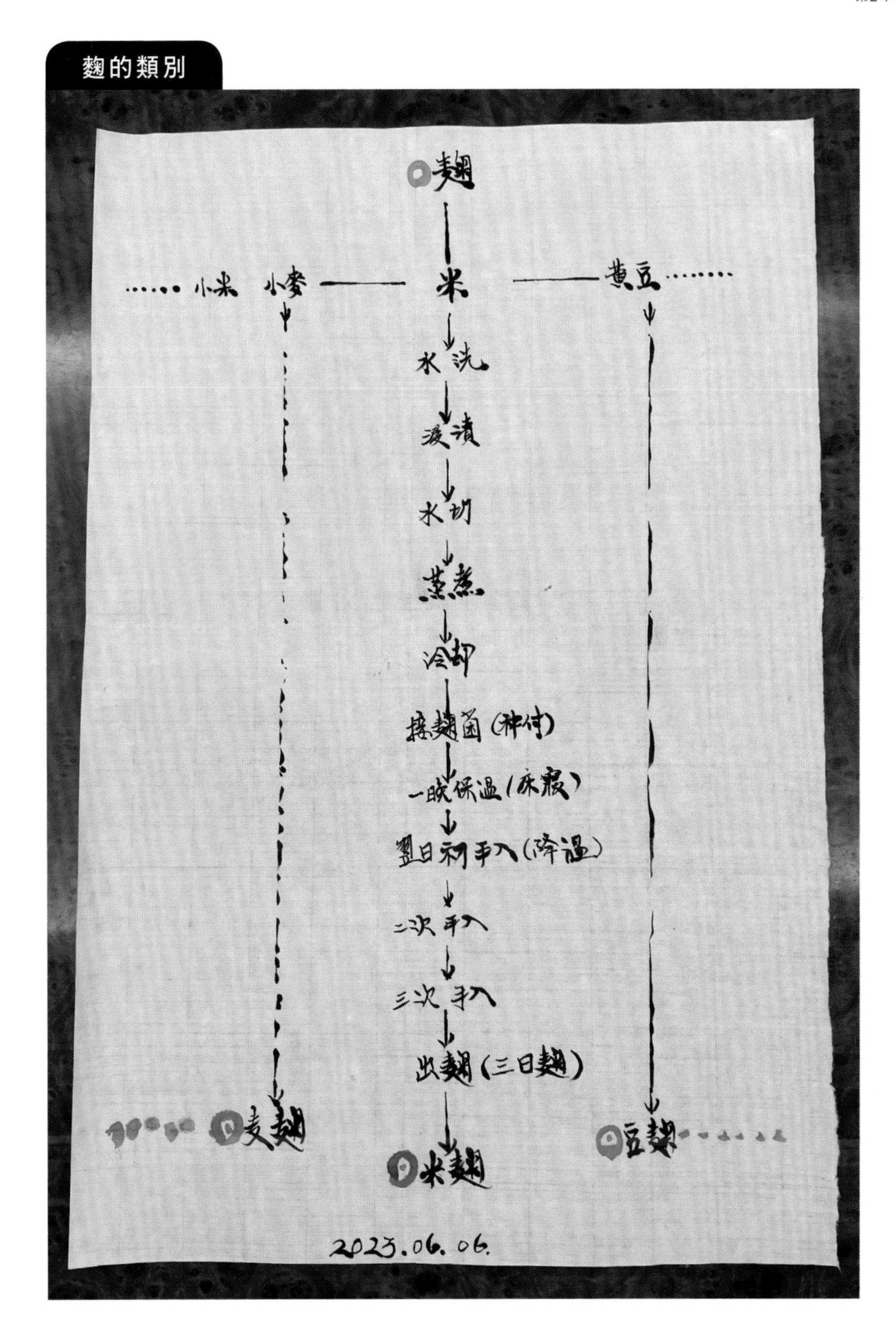
麴
小米
小麥
米
黃豆
水洗
浸漬
水切
蒸煮
冷却
接麴菌（種付）
一晚保溫（床揉）
翌日初手入（降溫）
二次手入
三次手入
出麴（三日麴）
麦麴
米麴
豆麴
2023.06.06.

稻作收成期間，田野可見大片飽滿稻穗，金黃稻浪隨風舞動。

燕麥等所有麥類所使用的麴，但是豆類呢？用豆類製作的麴，是不是可以用「⿰豆匊」這個字來統稱呢？這個「⿰豆匊」字是我自創，就算是給其一個身分證，方便區隔豆類做的⿰豆匊，請讀者們參考使用看看。同理，用米製作的麴，是否也可以用「粬」來統稱？這樣只要看字的左半部，就知道是用什麼原料製作。

從有毒的麴菌到日本的國菌

一般工業化的製麴方式有自動圓盤製麴、隧道式製麴以及滾筒式製麴這三種。製麴時各方使用的菌種也不相同，臺灣和日本是用米麴菌（Aspergillus Oryzae），中國是用根霉菌（Rhizopus），做酒釀也是用根黴菌，根黴菌其實非常好，但日本現在對於自己的麴菌非常推崇，研究論述也多，但我認為中華民族自己的製麴也必須做一瞭解，發掘、保留其優點，並加以發揚光大，才不會讓日本人專美於前。

不過，在二次大戰之前，日本常用的米麴菌被歐美的學者歸類為有毒的麴菌，日本的學者自己努力花費許多時間分析、佐證，其實有毒的是另外一種學名為 Aspergillus flavus 的黃麴黴菌，容易產生黃麴毒素等毒性強烈的化合物，有致癌的可能。釐清菌種之後，這才還給日本的米麴菌（黃麴菌）一個清白。2006 年米麴菌被指定為日本的「國菌」，我認為這就是一種包裝手法，賦予日本米麴菌至高的地位，方便行銷推廣；米麴菌在中國也有，不是日本獨有；其實，中國也有在運作、將根霉菌制定為國菌，因為幾乎中國所有的發酵產品都是用根黴菌來醱酵的，諸如酒釀、黃酒等。

照起工！米麴的製作流程不藏私

米麴在醱酵時如果太乾，菌絲就「吃」不進去米粒內部，這也是為什麼做米麴要蒸米時，必須要做到「外硬內軟」，而這個標準如何判定？(1) 可以將蒸過的米輕輕抓一把在掌心，手鬆開米粒自然掉落不黏手。(2) 日本職人則是進一步把蒸過的米放在手心揉成麻糬狀，仔細檢視米粒是否有米心，米心是富含澱粉最多之處。米粒外硬內軟，菌絲就能「跑」進去米心，比較好醱酵。這一點日本職人在製作吟釀清酒時會這樣做，將蒸過的米粒層層研磨，去掉白米糠，此步驟稱為「精米步合」（意即：磨掉了多少比例的米粒雜質，保留了多少比例的米粒菁華。米粒外層的蛋白質與脂肪被視為「米粒雜質」，蛋白質會影響酒的顏色，會讓酒變黃；脂肪則會產生雜味），這個步驟也關係到清酒口感的清澈度。

在這兒順帶解釋：假設一般的糙米為100%，若去除20% 的米糠，即為「白米」；而日本人所說米的「精白度」，是再將80% 白米再打

❶米麴經過電燈照射，檢查麴菌的繁殖狀況。（圖片提供／穀盛公司）
❷竹篩上收成的米麴。

（磨）掉40%～50%，稱之為「白米糠」。而磨掉的，也不會丟掉，會轉賣給製作煎餅或其他食品的廠商當作原料。

另外，如果用糙米來做米麴，因為糙米外層有油膜，非常硬，菌絲只能附著在外層，「跑」不進去米心，酵素的產量也會減少。所以

米麴製造法

製造流程	製造方法
洗米	輕輕洗米
浸漬（水溫20℃）	1.浸漬一個晚上（切忌換水，會導致可溶性的燐、鉀流失，而阻礙麴菌的發育） 2.浸漬是為了去除附著在米粒外面的雜質與澱粉（約放置3小時來使米粒之粘度減少）
蒸煮	1.常壓（一般的壓力，如電鍋屬於常壓）蒸煮約30～40分鐘（米澱粉要α化在60°C前後，α化是軟化之意）。 2.完全粒（飯米）之判定，蒸煮完之米飯水分在30%以下則是太低，此時再添加米的重量5%的水，平均再灑至已蒸好的米飯上，再蒸煮20分鐘。 3. 蒸煮好的米飯最適當的水分在35～37%。
接菌	1.將蒸好的米飯散熱降溫至35°C 2.再把種麴平均散佈在冷卻好的米飯上，培養開始（引き込む HiKiKoMu）品溫在30～32°C 3.開始培養（引き込む）之後，5～6小時，為了使種菌更平均散布，再一次揉搓平均（床揉み） 4.＊這項動作要迅速完成，不可使品項溫度下降。 5.製菌開始成長，發芽時間約需6～8小時。 6.＊自動製麴時是自動接菌散布，就不需要再進行床揉み了。

要做糙米的米麴，一定要讓米粒裂開，這可以事先在蒸米之前用炒的或打碎來造成裂痕。一粒米若打成兩半或三段，表面積增多，所生產的酵素也會變多。

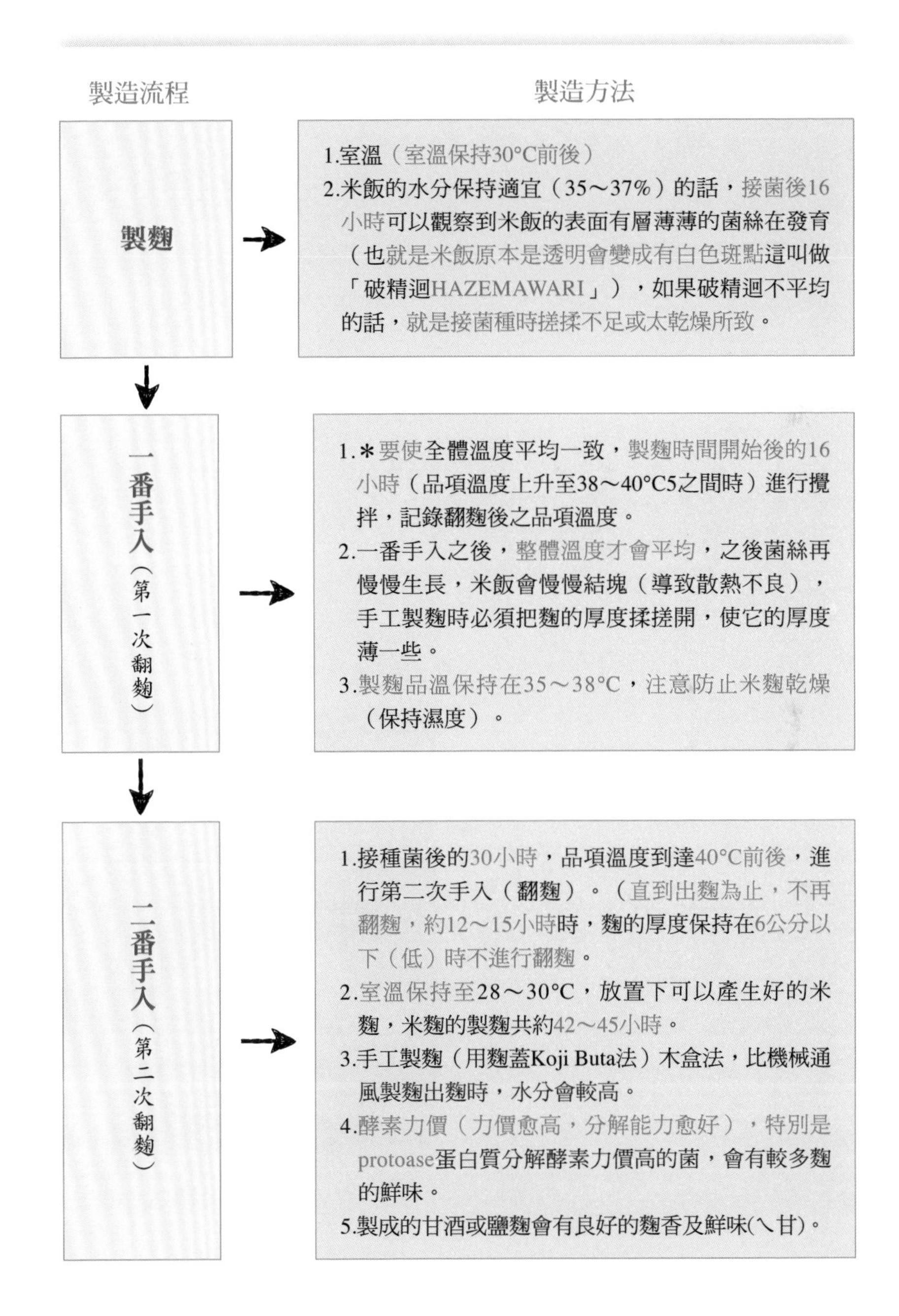

日本清酒為什麼是透明無色的？

日本清酒剛製作出來時，呈現淺淺的淡黃色，再經過活性碳（椰子殼、木炭等製成）過濾，變成透明，這一過濾雖然把雜質去除、顏色變透明，但也因此將很好的東西（例如一部分的醣和胺基酸）也一併過濾掉，這些代表鮮味的物質一消失，喝起來就「袂（buē)甘」（沒有甘醇味）！此外，麴菌選種時，不能選擇日本清酒酒麴，當初我做味噌、做酢，一定要有鮮味，清酒酒麴不適合，所以後來我選擇使用醬油麴或味噌麴。

值得一提的是，若是將一瓶日本清酒在常溫之下放置10年以上，其酒色會變得像紹興酒！連味道都類似紹興酒！這在我求學時曾經發生過，我們發現一瓶放了多年的清酒，顏色像紹興酒，喝起來也像，學長要我們用活性碳過濾一下，果然酒色與味道就「還原」了。

其實，所有的蒸餾酒製作完成，一開始都是透明無色的，那為什麼像威士忌、白蘭地會呈現褐色、琥珀色？因為熟成階段「吃」進橡木桶的顏色。學生時代我曾跟著小泉武夫教授到三得利酒廠喝到原酒，這才發現原來威士忌最初是透明色！而中國的高粱酒一成不變，永遠都是透明色，為什麼不能把高粱酒放進雪莉酒桶釀成琥珀色？！我曾經將蒸餾好的米酒放進雪莉酒桶中，完成之後酒色和雪莉酒是一模一樣的顏色。

食飯坩中央，吃軟飯的由來

說到製作米麴時，必須先蒸煮米飯，不由得讓我聯想到日本人煮飯的訣竅！為什麼日本人煮好飯要攪拌一下？因為這樣攪拌之後除了可讓電鍋裡面的水分蒸發，還能讓米飯軟硬平均（剛煮好的米飯多半呈現「上乾（硬）」、「下濕（軟）」的狀態，因此攪拌使其均質，比較好吃。臺灣人說：「食飯坩中央（tsia̍h pn̄g-khann tiong-ng），因為飯鍋中間的米飯最軟最好吃。以前煮飯用柴火，火候難以控制，鍋底和鍋邊難免乾硬或燒焦，這通常都是媽媽盛來吃，鍋中央較軟、較好吃的米飯要留給小孩、留給客人吃；小孩不懂事，盛了鍋中央的米飯，就會被大人斥責：「攏咧食飯坩中央！」所以這句話有「懶散、好命慣了」的意思，並有提醒他人要懂得體諒別人的意義。

專門製麴的傳統麴室

麴室的煙囪為何一長一短？答案是：換氣用。短煙囪讓空氣（冷氣）進來，高煙囪讓空氣（暖氣）出去。用泥土製成的大磚塊砌成土牆，用稻草、稻殼、木灰和泥土一起攪拌，隔熱效果極佳，此為前人的智慧結晶（小時候家中的麴室也是如此）。

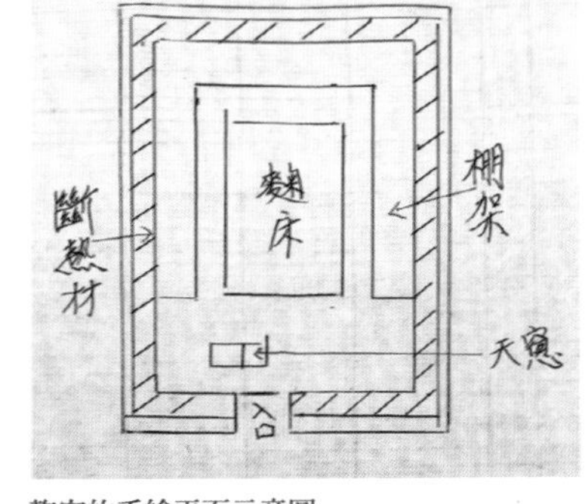

麴室的手繪平面示意圖

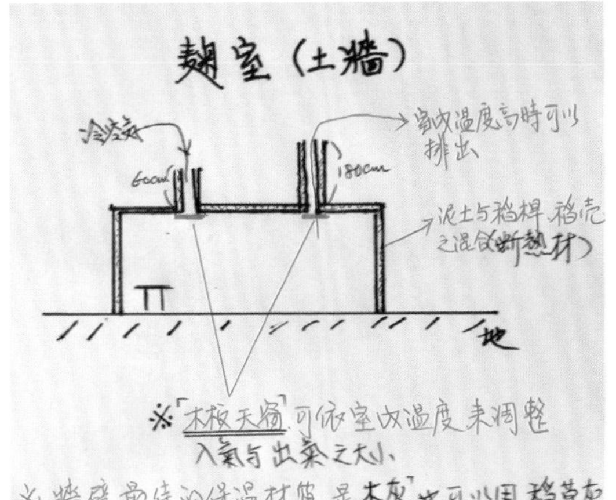

麴室的側面立體繪圖。

麴盤，暗藏溫控的細節

玩手工製麴的人常會接觸「麴盤」，我曾在日本福井縣同學家的工廠內，看到橢圓形的麴盤，材質是櫻花木，而大部分日本的長方形麴盤，其材質多為杉木；中國的麴盤是竹製，四川常見方形麴盤，臺灣的麴盤也是竹製的圓形竹簳（簳，臺語發音為 kám，是指圓形盛物的淺竹筐）。東南亞有的用藤條製作（根據日本學者考證，臺灣原住民最早也是用藤條、藤皮），也有和中國一樣用竹子製成。

即使材質不同，這箇中也有學問。我曾請木工師傅複製日本的木製長方形麴盤，這種麴盤一般可放置 1.5 公斤左右的米，盤身長度為 45 公分、寬度 30 公分、高度 5 公分，師傅告訴我麴盤底部有弧度，

大小不同長方形木製麴盤。

製麴時麴盤使用要點❶

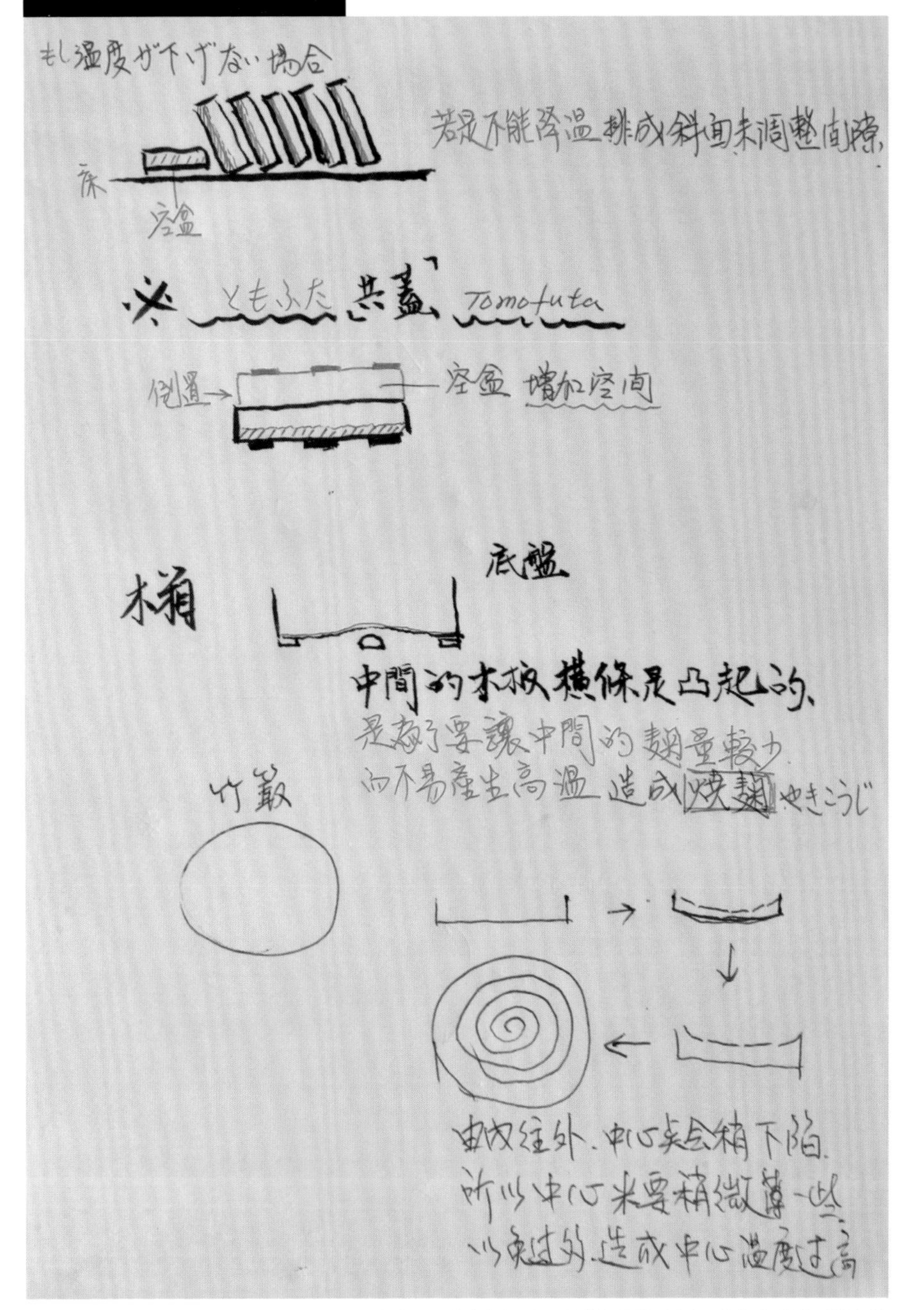

製麴時麴盤要注意的細節：利用麴盤排列來降溫、麴盤倒過來可變麴蓋增加空間、麴盤的設計可避免燒麴、竹簳堆麴須由內往外且中心處米要放薄些。

由內而外畫出一個小圓，慢慢至中圓，進而大圓。

我這才發現緣由：底盤中間木板橫條是突起的，這突起的弧度會使中間麴量變少，就不容易產生高溫而「燒麴」（發熱），因為麴菌若發熱至50℃以上便會開始糖化、過熱，質變為臭酸（酸敗）狀態，因此麴盤的製作也隱含了「溫控」這個製麴細節。

而如果採用竹製的竹簳來製麴，則須注意中間部分的麴量要少，所以用手慢慢由中心往外擴大畫成一個圓圈，這也是手工翻麴後，整平時，必須由內而外畫出一個小圓（薄），慢慢至中圓，進而大圓。必須做到中心部分量少，慢慢堆高，如此才不會因為重量問題而下陷，堆積過多量，而產生溫度過高，導致「燒麴」。

麴盤的堆法

在製麴的過程中，麴盤的堆疊也關係著製麴成敗。第一層麴盤一盤盤排列之間留有空隙，第二層每盤置於空隙之間，如此第一層和二層之間可以透氣，有利麴菌的生長。如此類推，第二天再改為斜放，日本人講究一點的，也會在麴盤上先舖上一層紗（棉）布，方便取下完成的麴。但如何將製好的麴菌從圓形的竹簸取下也有學問：可用木製的半月形前端削薄的木片，代替手掌來刮落米麴，如此手才不會被竹簸的纖維竹刺刺到（以前製麴的人真辛苦，常常手被刺到）。

製麴時麴盤使用要點❷

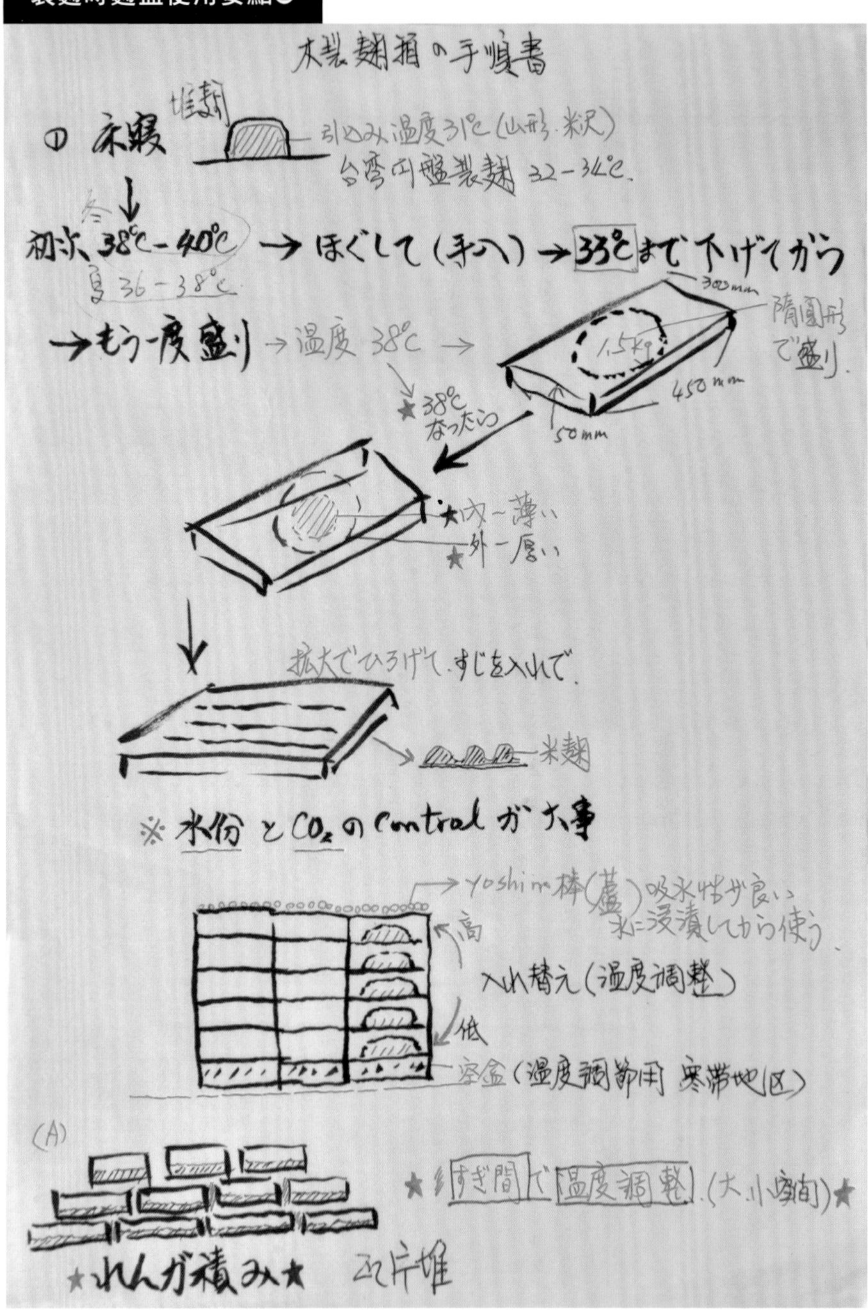

製麴時麴盤要注意的細節：堆麴製麴時的溫度、木製麴盤的尺寸、麴盤可調節溫控、麴盤如何堆疊。

麴盤的鋸齒木紋

在木製麴盤上的紋路也有玄機，如果你用放大鏡觀看，會看到呈現鋸齒狀，這是因為要使米粒與米粒之間因為鋸齒留有空隙，醱酵時才有空氣，使底部可以醱酵的品質更完美。我原先不知道木紋的用意，誤以為舊麴盤是經過多年使用經過刷洗所留下的痕跡，後來是一位日本木桶製作師傅告知我，木紋有兩種：一是柾目／正目（まさめ Masame），一個是板目（いため Itame），兩者一是直紋，一是橫紋，不管是木頭、藤、竹子都有其紋路，也有其功用，這就如同切鮪魚時順著魚紋切去一樣，這些都是前人的智慧，也是我發現其中有奧妙，想與有興趣的人一起來分享。

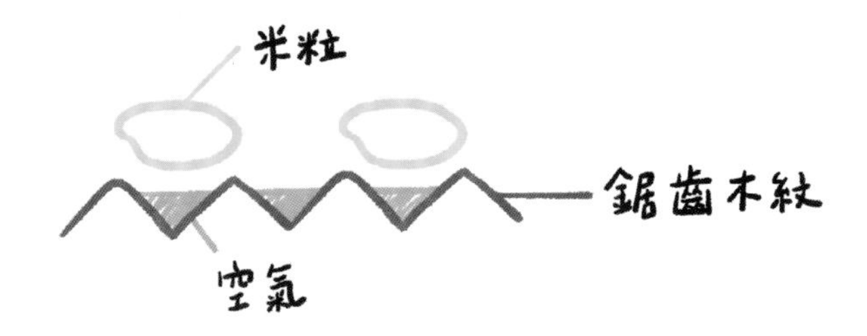

柾目與板目示意圖

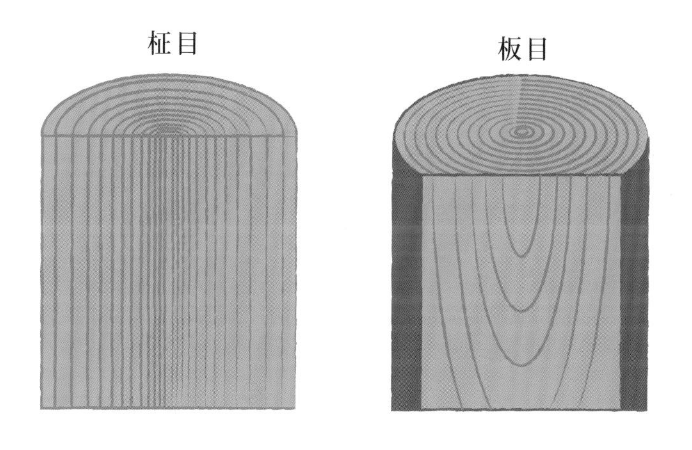

開耙——醱酵過程最關鍵的核心技術

在中國黃酒（紹興酒）的製作裡，有一道重點工序，其專業術語稱之為「開耙」，這有點像做酒釀一樣，是「抐抐咧 lā-lā-leh」（台語，亦即「攪拌」）的意思。日本稱之為「手入れ（Teire）。「開耙」，可以說是所有醱酵裡的核心技術，開耙的時機很重要，太早開耙菌種容易「掛」，太晚開耙也同樣會失敗。而所耙之物是液體或是固體的，至於開耙的用具和麴耙類型亦不同。

以製酒為例，開耙的目的在於：調節溫度、讓麴菌呼吸到空氣，進而活躍起來。製酒的原料在拌入麴菌之後，進入糖化醱酵階段，此過程會產生大量的氣體及熱量，但是因為醱酵溫度不能超過 32℃，因此藉由開耙的動作，將所產生的氣體排出去，同時開耙的動作會讓新鮮空氣進入缸中，使酵母活化起來；開耙攪伴的動作同時也像剛煮好的米飯太熱扇一扇可以達到降溫效果。

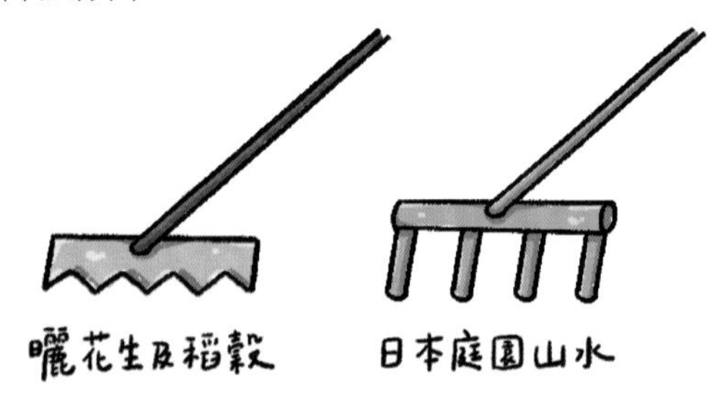

製麴的工具有哪些？

蒸米的蒸鍋（和釜）、挖杓（挖蒸好的米）、攤飯桌（冷卻用）、撒菌種小木桶（接菌用）、藺草編成的草蓆或稻稈編成的稻蓆（用來堆麴，草蓆密度較高）、麴盤、麴耙（手入れ，翻麴用）等。

在《日本山海名產圖會序》一書中，可觀察古老的日本製麴圖，圖的右上角有麴室，右邊有工人在蓆上堆麴、翻麴。

開耙的用具——麴耙類型亦不同，有山形或齒狀之分。

河村式製麴簡易判定法

現在大家流行自己製作米麴，可是到底製作出來的麴合格不合格？可以用簡單的科學方法來判斷，這個方法叫做「河村式米麴簡易判定法」，在這裡可以和大家來分享：取製好的米麴100公克，加入溫水200c.c.，加熱至50～60℃，糖化1小時過濾之後，以手持式糖度計測其濾汁的糖度在18～21度是標準範圍。再輔以用酸鹼試紙測其PH值（5.7～6.0為標準範圍），PH值若低於5.7以下，表示米麴沒做好，已酸敗壞掉。我常在講座分享時，非常強調一個概念：醱酵釀造是科學，如果你製作的麴菌品質不好，它雖然也是麴，但也許下次你要拿來製作酒，做醬油或酢，其分解力就不夠，做出來的產品其品質就不會到位。

紅麴，早已存在日常生活中

近年來，由於保健食品的推波助瀾，紅麴廣受大眾矚目，儼然成為新一代的健康食品。但其實，紅麴早已存在於前人及我們的日常生活中，使用歷史甚至可以追溯至千年以前的宋朝，且早在元代即有用紅麴釀酒的記錄，在吳端所著《日用本草》記載著「紅麴釀酒破血行藥勢」。明朝李時珍的《本草綱目》詳細記載用米飯如何培養紅麴的製作方法。藥食同源，在中醫來說，紅麴的藥效被視為「活血化瘀、健脾消食、治產後惡露不淨、瘀滯腹痛、食積飽脹、赤白下痢及跌打損傷」。

歐美人士稱紅麴為「中國紅米」（Red Chinese Rice）。紅麴，在分類上屬於紅麴菌屬（Monascus），是法國學者 Van Tieghem 在 1884 年所建立。臺灣人使用的紅麴菌，相傳是明鄭時期自福建來臺的釀酒匠人所引進。日治時期的 1908 年，在臺灣的日本學者齊藤賢道首先於紅麴中分離出紅麴菌 Monascus purpureus，到了 1930 年，日本人中澤亮治及佐藤喜吉從臺灣民間所使用的紅麴中，成功分離出品質極高的純菌種，命名為 Monascus anka，「Anka」，其實就是閩南語「紅麴」的發音。

而開啟現代紅麴菌代謝產物的重要研究之人，是從業界退休後到日本東京農工大學教書的遠藤章教授，於 1979 年從紅麴菌 Monascus ruber M1005 的培養液中，分離出全世界最佳膽固醇合成抑制劑 Monacolin K（可降低人體內膽固醇含量）；而成功找出 Monacolin 抑制膽固醇合成作用機轉的，是美國 Goldstcin 及 Brown 教授於 1985 年所做的實驗，他們因此獲得諾貝爾獎，自此之後，紅麴，便廣泛的被開發成健康保健食品。

紅麴的應用非常多元，天然的紅色色澤，可染色、調色，製作出具有喜慶紅色的食品；紅麴可以釀酒，早期的公賣局出產的名酒「紅露酒」便受到大家歡迎；紅麴菌所產生有益人體的代謝產物及生理活性物質，例如膽固醇合成抑制劑及降血壓物質γ－胺基丁酸（GABA）等等，更是極具養生保健潛力，可開發成各種新產品。

紅麴被歐美人士稱為「中國紅米」。

紅麴與紅糟之不同

紅麴，其實是紅糟的母親！用紅麴加上糯米醱酵成酒，此酒經過壓榨，即為著名的「紅露酒（或稱紅麴酒）」，而壓榨所剩下的酒粕，就是俗稱的「紅糟」，意即紅露酒的「下腳品」，因為顏色是紅色的，並且含有酒精，仍然有其利用價值。從紅麴到紅露酒到紅糟，都有其用途，完全不浪費，由此可見，古早時候，就知道「全食物」的意義！此外，有些人製作的紅糟，有時會有酸味，這是因為紅麴菌內仍然有大量澱粉，在醱酵不良時，便容易產生酸味。

麴譜——米麴直系與旁系的家族樹

米麴的應用多元，
舉凡製作甘酒、鹽麴、味噌、醇米霖（味醂），
甚至清酒、米燒酎，還有米酢，
都需要米麴來助陣。下面列出米麴的「麴譜」，
可讓讀者們一目了然，
一次弄清其直系與旁系的「家族」關係，
不再霧嗄嗄（bū-sà-sà，比喻一頭霧水，理不清頭緒。
至於一般常見的「霧煞煞」是誤用字）！

毋知影好瞞騙？甘酒、鹽麴製作很困難？

市面上不論是網路或各個教學課程，常常把鹽麴說得好像很難製作，我常說：「毋知影（m̄ tsai-iánn），好瞞騙（hó muâ-phiàn）」，如果懂得原理，就不會被欺瞞了。會撰寫本書提出各種觀點，也是期望讀者看過之後能判斷明辨，變得更聰明。

鹽麴如何製作？簡單的說，用米麴製作鹽麴一定要先糖化，可放入保溫杯／瓶（我測得的溫度大概是55℃）一個晚上，即為「甘酒」，甘酒再加點鹽，就是鹽麴。

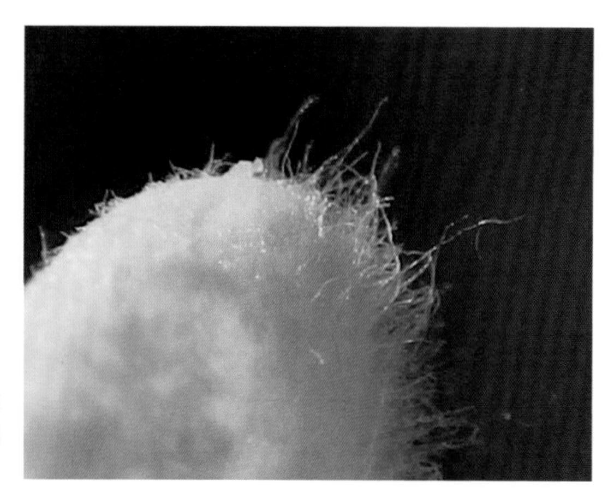

在顯微攝影之下呈現的米麴菌絲。（圖片提供／穀盛公司）

米麴麴譜圖

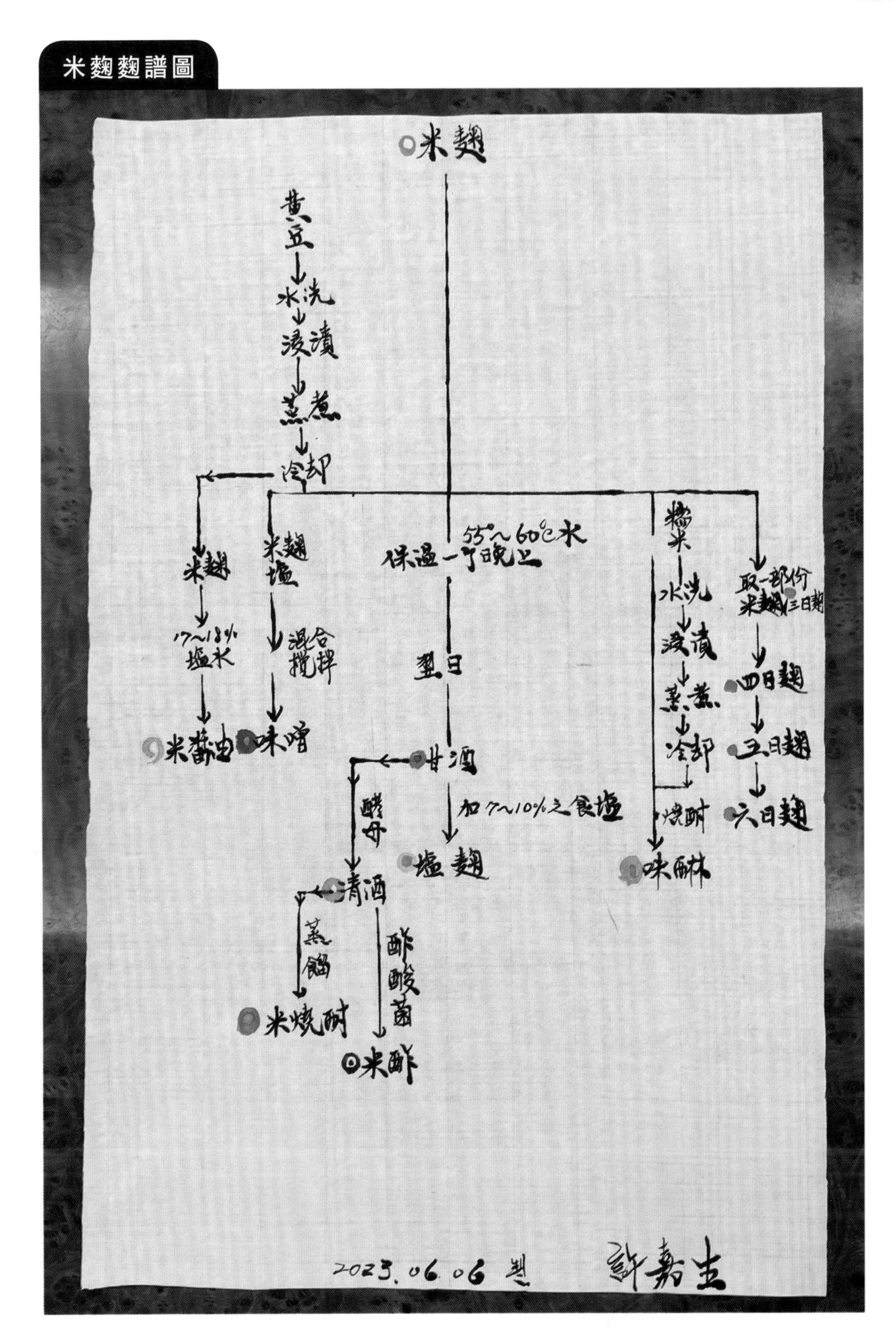
米麴
黃豆
水洗
浸漬
蒸煮
冷却
米麴
米麴
塩
17~18%
塩水
混合
攪拌
米醬油
味噌
55°~60°C水
保溫一個晚上
翌日
甘酒
酵母
加7~10%之食塩
塩麴
清酒
蒸餾
米燒酎
酢酸菌
米酢
糯米
水洗
浸漬
蒸煮
冷却
燒酎
味醂
取一部份
米麴(三日麹)
四日麹
五日麹
六日麹
2023.06.06
許壽吉

市售鹽麴有的要放冰箱保存，有的不用放冰箱，其實殺過菌的鹽麴不用放冰箱。我做的鹽麴沒有殺過菌，酵素還很強，必須放冰箱。如果將殺過菌的鹽麴和未殺菌的鹽麴，一樣都用豬後腿肉切片去醃，再香煎調理，便可以發現殺菌過的鹽麴肉片雖然味道不錯，但肉質不軟Q，而未殺過菌的鹽麴肉片肉質有被軟化，好吃的層級再往上提升。

拍攝當天所用的米麴，是拿來預備作米醂的，也可以做味噌，做醬油，是濕的。用酒精噴灑手部消毒後（等手乾），插入米麴內，感受到溫度，來決定是否翻麴。

手入（翻麴）的動作。

米麴（鹽麴）的三大酵素與好處

米麴含有三十多種天然的酵素，最主要的是以下三種：1.糖化（澱粉）分解酵素（amylase）可以把食物中的澱粉分解成葡萄糖，產生甜味，讓體內更容易消化、吸收。2.蛋白質分解酵素（protease）可以把食物中的蛋白質分解成胺基酸，產生旨味（うまみ Umami，意即鮮味）。3.脂肪分解酵素（lipase）可以將食物中的脂肪分解成甘油和脂肪酸，產生香氣。

鹽麴的利用功效如下：可以軟化肉質、增加鮮味及甜感，這些要歸功於米麴生長時，所產生的澱粉分解酵素與蛋白質分解酵素。所以一般鹽麴是冷藏保存，而且不經過熱殺菌處理，如此鹽麴中的三大酵素才不會遭到破壞；而一般常溫保存的鹽麴，幾乎都是熱殺菌過的產品，尤其對肉質軟化的效果會特別差。

「活」的味噌？味噌的製作流程

簡單說明醬油的製作原理。醬油是用小麥和黃豆一起去醱酵製麴的，而將味噌加鹽水多加一點；嚴謹來說是用 17 ～ 18% 的鹽水（100g 的水加 17g ～ 18g 的鹽調製即可），加一定量的未殺菌味噌攪一攪，經過二至三個月，過濾之後即變成醬油了。

有的味噌包裝上註明添加酒精，那是用來抑菌，表示這味噌還是「活」的。臺灣大部分的味噌都是已殺菌過，因為臺灣人認為包裝會膨發的味噌是壞掉的味噌，廠商為了避免客訴，不讓味噌繼續發酵，大多製作已殺菌的味噌。這也說明了臺灣人對吃的東西較不研究，就變得不嚴謹看待，因此就流於隨便了。一般人想說反正都是味噌，「清彩」（tshìn-tshái）買就好了。所以我都希望大家能發揮研究精神來看待「吃」這一件事，提倡「呷米愛知影米價，嘛愛長知識」，以前那種「戇戇（gōng-gōng）仔呷戇戇大」的觀念也應該徹底揚棄。

臺灣的味噌為什麼偏甜？

豆麴在醱酵時不能超過 42℃以上，因為其蛋白分解酵素是在低溫下進行較佳。若是米麴，醱酵時必須在40多度以上的高溫才會氧化。米麴有兩種特殊酵素，一是蛋白分解酵素，一是糖化分解酵素。做醬油會用到豆麴和麥麴，因為要靠蛋白質來分解，所以用米麴來製作，而臺灣的味噌為什麼偏甜？因為米麴加得比日本還要多，熟成時間短（大約 10 天），鹽分少（臺灣大概是10%～11%，日本大約為 14%～15%）。臺製味噌較甜，另外還有一個原因，臺灣人喜歡吃甜！此外，臺灣式味噌，若用在海鮮烹煮，會有意想不到的絕妙效果。

這裡要在此做個釐清的定義：製作味噌是不能加糖的！這好比用米做的酢，稱為「釀造酢」，若是在製程中加了糖，就只能稱為「調理醋」；味噌在製程中加了糖，不能稱為「釀造味噌」，應該稱之為「調理味噌」（不過，目前臺灣還沒有規範的法規）。

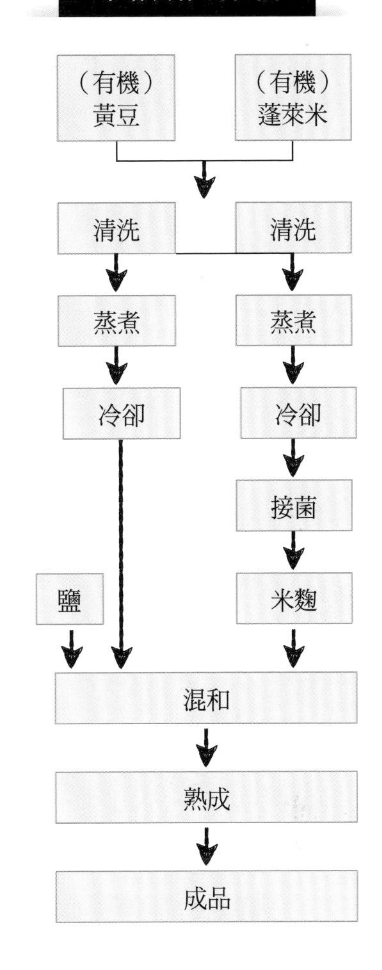

高品質的味噌簡易判定術

你買的味噌品質好不好，應該如何判定？這兒提供一個簡單的方法，同時也是好喝味噌湯的料理方法（別懷疑！我做的味噌湯是沖泡的，而不是用煮的：將10克味噌加入90克的熱開水，攪拌均勻，即成味噌湯！）

接下來要用成品來判斷：

1. 細觀察：剛沖好的味噌湯，是否慢慢呈現出「蕈狀雲」。
2. 看湯色：是否呈現金黃琥珀色？
3. 聞香氣：有沒有豆臭味、豆腥味？有則品質堪慮。
4. 喝看看：是否可喝出鮮美之味，即所謂的「旨味」。

理念、文化的傳承與生活之美的實踐

這些年走訪世界各地，
觀察異國文化、理念與生活美學的實踐，
相對於臺灣比較之下，
總是認為臺灣還需要再努力、再蛻變、再加一把勁兒，
愛之深責之切，尤其在醱酵釀造這一區塊，
更凸顯還有許多進步空間。

「復釀」檜木桶酢，通通（桶桶）是好處（酢）！

在臺灣，一般傳統的醱酵廠區，很多環境看起來總是「烏烏臭臭」的，醱酵廠區真的只能聯想到「烏烏臭臭」嗎？

我在淡水廠區規畫了一個手作醱酵區域，打算重現日本傳統醱酵室，這有點像是水泥房屋裏再蓋一間小房子的意思，但我要走的是明亮簡潔的風格。我利用了臺北舊廠拆掉的檜木窗框，預計之後做成大型麴盤。手工製麴室用不銹鋼取代木質牆面（如此牆面好清掃並可滅菌）。並且使用四十多年未再使用的檜木桶來做手工醱酵酢。

蓋子要掀開多高，讓空氣流通多少，都必須細究。

全球碩果僅存的檜木桶釀酢，是傳承
臺灣人曾經重視的古法釀造工法。

不用鐵釘，也不用黏著劑，靠著「桶
箍」技術，組合成桶。

將檜木桶的桶身漆上日本進口的發酵「柿漆」，可以防水、防腐。

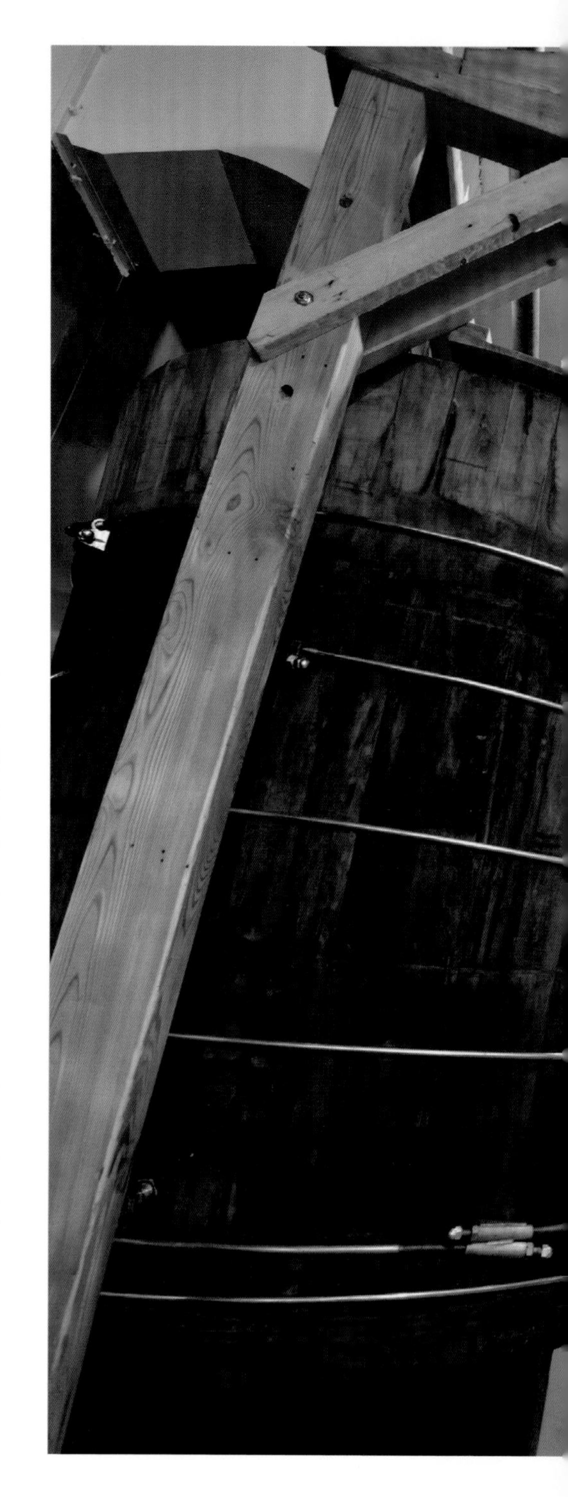

關於檜木桶釀酢，我的日本教授小泉幸道要退休時，舉辦了歡送會，研究室學弟送了他公司所產釀造酢禮盒，該公司全部使用木桶來釀酢，是日本頗負盛名的飯尾釀造公司。看到這個木桶釀造酢禮盒，引起了我的關注，想重新使用木桶來釀酢。我們很久沒有做木桶酢了，這回要製作才發現很多細節需要摸索：蓋子要掀開多高，讓空氣流通多少，才可以「呼吸」順暢，種種都須確認。製酢的靜置醱酵難不倒我們，但醱酵木桶的學問必須細細研究；為了「復釀」木桶酢，我透過日本教授聯繫，直接請教日本木桶製作匠人，將部分舊的檜木桶重新清理好，再遵行手工古法，計畫釀出好酢。

我們在檜木桶的桶身，通通漆上日本進口的「柿漆」來防水、防腐（這種「柿漆」也是經由醱酵而來，常用於日本日常建築中，我是在某次赴日參訪中，細心觀察老釀造坊所使用的釀造桶與桶身外觀顏色與一般不同，細細詢問老師傅之後所得到的結論），再輔以介紹説明，這樣一來參觀的人就知道何謂復古式的釀酢，我笑稱這些酢「通通（桶桶）是好處（酢）」！

臺灣獨有「松羅酢」！全球碩果僅存的檜木桶釀酢！

存放在淡水廠區倉庫一隅，沉睡將近半世紀的巨大檜木桶，每每看到便勾起我的童年記憶。一般人大概只知曉泡腳用的小木桶，大一點則是洗澡用的木桶，殊不知以古早時期前人的生活智慧，是可以打造出 20 石（3.6 噸，可參考「尺貫法」）、25 石（4.5 噸），甚至 30 石（5.4 噸）的巨大木桶！印象中，製桶工匠從鋸木、刨木開始，不用鐵釘，也不用黏著劑，只靠著精細的刨刀技術，再加上卡栓（木製或竹製），就可以把厚達 10 ～ 12 公分的底部木板，巧妙地用竹釘結合並連成一片，做成不會漏水的木製桶底；接著再用「桶箍（tháng-khoo）」（用細長竹片交叉編成竹篾環，可將木片緊緊圈住），連同

每一個巨大的檜木桶，都詳細標示著噸位及尺寸。

我們修復了20石、 25石的檜木桶共25個，在廠區每5個排成一列，共5列。

木製桶底「箍」在一起，組合成桶。這一連串讓人讚嘆的「箍桶（khoo tháng）」過程，歷歷在目，這些親眼見證的快樂回憶，令人難以忘懷。

「箍桶」，是家中工廠最重要的行事，所賺的錢全部投入製作檜木桶，全力發展釀造事業，同時也見證了國民政府遷臺後，食用酢的消費量突飛猛進，為日治時代的數百倍！每當我看到這些靜謐沉睡的檜木桶，便對以前工匠的精湛手藝，滿懷思念及感謝之情。

以往到日本參觀學長或學弟的工廠，看到歷史悠久的手工木桶仍然發揮釀造功用，皆投以欽羨的眼光，心想：為什麼日本人還在從事如此「厚工（kāu-kang）」的釀造技藝？而我們空有全世界唯一的檜木桶，卻堆放在倉庫？我深刻體會到：這是臺灣碩果僅存的釀造專用檜木桶！如何重現小時候習以為常的木桶醱酵記憶？如何傳承臺灣人曾經重視的古法釀造精神？於是興起了「復釀」檜木桶酢、重現「厚工」手法的念頭。

將壓榨後的清酒米粕（Sake kasu）緊壓在不銹鋼製的桶內，熟成至少一年，讓米粕中殘留的糖、胺基酸與酵母菌更進一步分解，待其呈現琥珀色澤，取出用水溶解，再壓榨後再與清酒混合，放入檜木桶內經過三個月的「靜置醱酵」，過濾後再熟成近一年，如此方能殺菌、充填裝瓶。前後耗費約二年多所釀製的成品米酢，才得以呈現在我們的餐桌上。

每每思及與團隊同仁們投入的時光，以及努力不懈的精神，所得到的結晶，令人振奮！此後，臺灣，將會有世界唯一的檜木桶酢！我們將其命名為「松羅酢」！

❶檜木桶釀酢時，表面呈現美麗的冰裂紋路，這是酢酸菌的菌膜。
❷拍攝當時，正值一月中旬，天氣較寒冷；會在檜木桶蓋子中縫上覆蓋布，有防止失溫、保溫的作用。

用檜木桶釀造珍貴的米酢（松羅酢），須將熟成三年、散發紹興酒香氣的米粕，加水稀釋之後過濾汁液，汁液再加入100%國產蓬萊米自製的清酒，接菌（酢酸菌）之後進行釀造，期間靜置醱酵約需3～4個月，接著加熱殺菌後放入檜木桶自然熟成1～3年，熟成愈久愈為香醇。

位於嘉義廠區，在地下室，我購買了一批西班牙雪莉酒桶釀製紅麴醋。

紅麴酢窖中的小秘密

朋友每每參觀我的紅麴酢窖，發現每一個雪莉酒橡木桶桶身皆掛著標牌，上面有年分、日期和英文縮寫以及數字，其實，這些標示皆代表著不同意義。

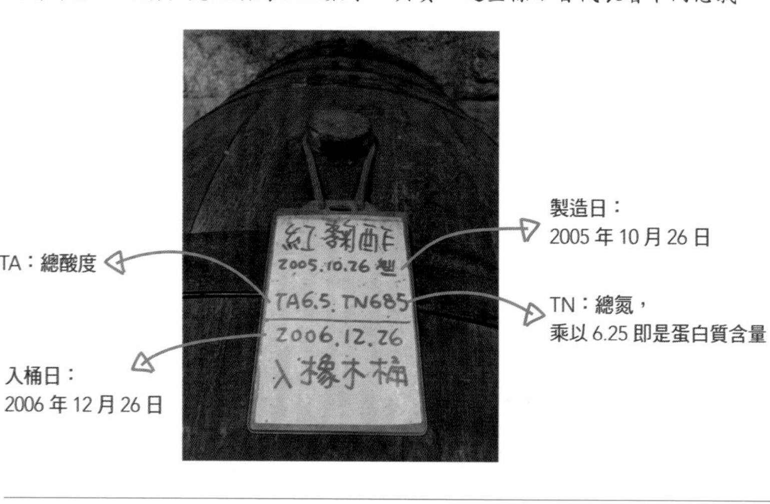

沉睡18年（繼續熟成中）的紅麴酢。

上圖：用木槌敲開木桶上的木栓。
右圖：每年會取一次紅麴酢樣品來作品評。

MEMO

宛如時光膠囊，木桶壽命最高可達百年以上！

關於木桶，日本人將上部開放的（無蓋）稱之為「桶」（大），上部密閉的叫做「樽」（例如酒樽，體積較小）。一般釀製醬油之木桶的壽命大約100年左右，做酢、做酒的木桶壽命可達好幾百年！做酒的木桶常被賣給做醬油的廠商，而做醬油的木桶比較容易腐爛，因為做醬油需使用大量的鹽，會腐蝕木材。日本還有專門的「木桶保存協會」，有釀造木桶的廠家（例如釀造醬油、味噌、酒、酢）才能加入。

而在木桶木板的接觸面，會紀錄公司名稱、何時製造等細節，以及製造者／工匠的姓名，或是製造當時米的價格、木材的價格等資訊。但這些紀錄是在木桶解體之後，才會被發現；好比日本寺廟在翻修時，在屋子大樑上也會發現這些紀錄，宛如一個個隱身於時間洪流中的「時光膠囊」，等著有心人來發現、來解謎！

酢的製作流程圖

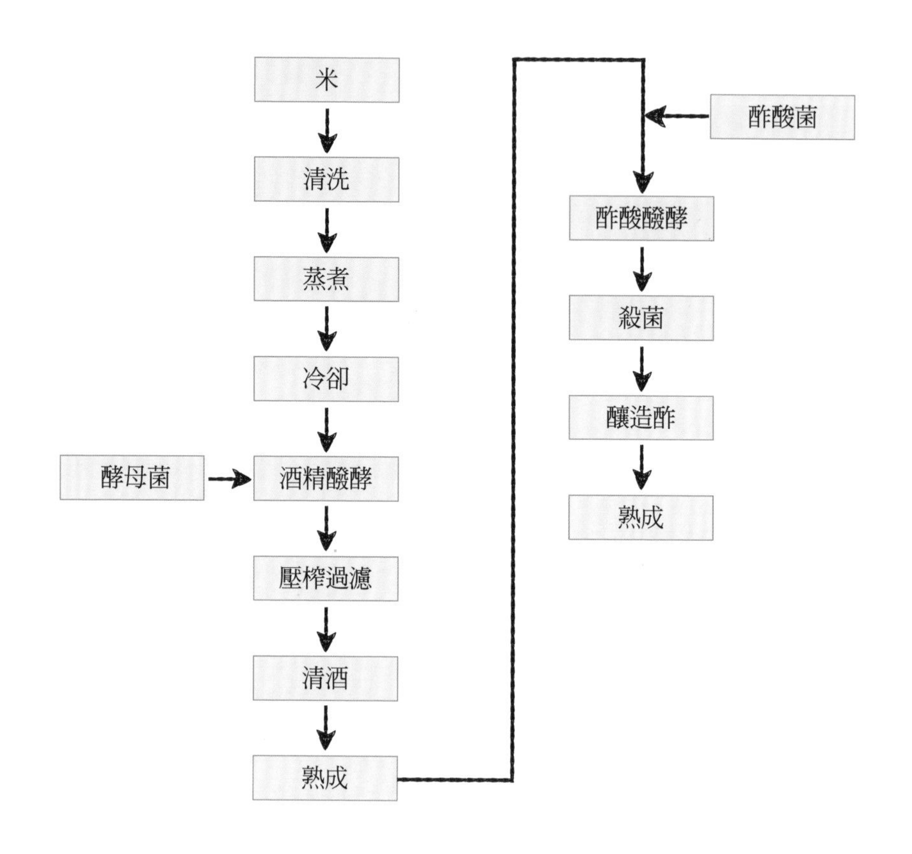

冷知識通

以食酢為例，如何篩選可用的好菌？

慎重的選菌，必須在實驗室裏進行，篩選優良的菌種。以食酢為例，在第一次釀造好的食酢，留下三分之一作為下一次釀造用的「底酢」（又稱為種酢）。在實驗室裡將1cc未滅菌的種酢，加入到9cc的殺菌水中，容量變成10cc，即為10倍（10的1次方）稀釋。從稀釋好的種酢水中，再取出1cc至另一個9cc的殺菌水中，即變成10的2次方，以此類推，直到稀釋成10的5次方到7次方。意思是本來1cc可能有100萬個麴菌，密密麻麻的菌要如何挑出好的？一直稀釋到肉眼可看到培養皿裏只剩下7～8支，這樣就能好好挑選具活性的好菌落了！挑出好菌後，可以取一支三角瓶，加入水、酒精、酢，把挑出的菌抹在瓶的內部，如此會產生酢酸菌膜，再從酢中取出樣品分析其酸度，若其酸度的實際值與理論值數據相接近，就算選菌成功。

文化研究得愈深，底蘊就愈厚

為什麼台灣的醱發酵食品進步有限？
我認為這和醱酵文化的保存有很大的關係。
文化，是這樣的，你研究得愈深，
底蘊就愈厚！愈能發揚光大！

飲食文化尤其如此，如果輕易的拋棄舊有飲食文化，到後來什麼都沒有！沒有人去研究，就沒有文化！因此，很多東西我習慣去仔細研究，探討其背後文化淵源。

前述提及的舊麴盤，在中國及日本常常可以見到，並且仍在使用中；反觀臺灣，已經找不太到這種舊麴盤了。像家裡的骨董一樣，前人當作寶貝，後人覺得是破銅爛鐵，隨手一丟，舊有文化就此斷了線。醱酵文化的歷史，除了推廣保存醱酵知識之外，還必須教人懂得原理、如何使用器具、如何運用，才能開竅，才能發揚光大。

唯有究真，能找到光明正路

多年前我曾經到台東池上的原住民部落，學習小米酒的傳統製法，當指導老師拿出酒麴放入小米漿中，說實在地，我非常失望，那不能稱之為傳統的小米酒釀造！直接加酒麴，完全偏離傳統、失真了。

日本學者的研究發現朱槿花(ハイビスカス Hibiscus)的葉子上也含有大量的天貝菌。

另外有一次認識一位小女生，自己製作天貝，她興沖沖地告知我她特別改良用竹葉來包覆天貝，其實印尼、東南亞製作醱酵食品天貝時，大都使用香蕉葉來包覆，為的就是香蕉葉上有大量的天貝菌。另外，馬來西亞的國花，小時候我們會將其花心（子房）摘下黏在鼻子上巧扮小丑玩耍的朱槿花（又稱扶桑花），其葉子上也含有大量的天貝菌。

我認為在做一件事之前（尤其是醱酵食品），你必須做全盤研究，唯有究真，才能徹底了解而不至於走偏。很多事物必須查證清楚，而不是隨心所欲的擅自更改，這樣容易讓消費者有所誤解。

前一陣子，我看到一位網紅，她推薦給大家的產品，不叫益生菌（乳酸菌），叫做「工作菌」！我相信讀化學理工的人聽到一定目瞪口呆，在我們的觀念裏，每一種菌都是「工作菌」！

日本的醱酵食品在明治維新之前，也和我們一樣，非常傳統，用手工製作，但經過明治維新，許多人到海外學習，研究麴菌、醬油和酢，歸國之後學以致用，將最新科學與究真的態度導入產業中，反而讓食品工業更上一層樓，所以我認為傳統手工不會不好，但必須加以科學的研究精神與態度。最近我也有另一種想法：手工製作的東西，在進一步深入研究之後，往往能夠找出自動化設備所不能察覺的問題；因為做手工，才能明瞭自己為什麼會做失敗。

如此相像質感卻不同，日本碁石茶vs.雲南酸茶

如果仔細觀察，會發現今日本市面上的醱酵產品，常常在外觀上看到印有「乳酸醱酵」四個字，這四個字（可以賣到好價錢）正好說明了日本人有多聰明：我的大學學長渡邊幸一先生是養樂多的中央研究室前部長，來臺演講時說到：牛奶醱酵產品是「動物性乳酸菌」，可能有殘留抗生素等物質，並且有乳糖不耐症的人無法享用；而從酸菜、筍絲等分離出來大量乳酸菌，就是所謂的「植物性乳酸菌」。

日本四國德島地區有一種茶，名為「碁石茶」，目前還能製作這種茶的農家剩下沒有幾戶了，其製作原理類似普洱茶，頗為奇特，令我印象深刻；某日，我看了中國節目介紹雲南德昂族的「酸茶」，定睛一看，這和碁石茶幾乎是一模一樣的東西，只是日本人裝盛在精緻的盤子裡，雲南則將煮爛醱酵的酸茶抹在香蕉葉上，拿到室外曬太陽。

這很有趣，兩種茶竟然如此相像，等疫情結束，有機會真該實地造訪兩處，看看不同的醱酵。

提到酸茶，讓我聯想到酸魚：40 年前，我的大學教授小泉武夫博士帶著 NHK 的工作人員去廣西壯族自治區的侗族，採訪用糯米飯乳酸醱酵所醃漬的「酸魚」，當地人拿出醃了 38 年的酸魚來款待貴賓，用刀一切，內部魚肉竟然還是紅色的！可見醱酵的功效有多厲害！當地人在男丁一出生隨即醃漬了許多酸魚，等到男孩成人之時，就拿出來宴請大家，慶祝男孩長大成人，這種文化是不是和「女兒紅」一樣，不僅是溫馨的傳承，也有滋有味！

日本傳統工藝為什麼總是比我們好？

我們現在已經知道，現存日本有許多文化，其實是七至九世紀時的唐朝，由日本多次派遣遣唐使或是學問僧至大唐學習文化、制度及技藝，繼而將其帶回日本，流傳至今。像是味噌、米麴、醬油等最早皆由中國傳入，屬於製「醬」的技術，而後加以變化改良成為今日的風貌。

但是，我們有沒有想過，為什麼現在日本的工藝比我們好呢？而中國的技術還停留在 500 年前、1000 年前，風貌沒有太大變化；但日本學習技術回來之後，保留中國的優點，而透過不斷研究一直在改良缺點、走向精緻化。

我曾經到日本第二大釀製醬油的廠區參觀，現場發現 70 年前的釀製老照片，照片裏製麴後的醬油麴是倒在地上的，和中國舊時的釀造廠一模一樣，但那是七十多年前的日本，現今已不會出現麴菌攤在地上的景象了，日本一直在進步、趨向廠房衛生化。

這一點也可以從臺日鮪魚季看出差異：日本庖解鮪魚是在桌上的檜木砧板上，而臺灣多年前還是在地上進行解剖，相較之下，哪一國注重衛生高下立判。我一直認為，醱酵工藝必須在一個很好的、乾淨衛生的環境中進行，品質才會到位。

從一開始不在人生規畫到赴日求學，悠悠已過數十個寒暑，一晃四十多年，有些事情彷彿剛發生在昨天……

憶往——
東京農大求學的點點滴滴

日文不輪轉的我，講英文卻嚇跑同學，
只好做菜邀請大家享用，我的宿舍因此變成交誼聚點；
一到考試，同學紛紛將考古題贈與我，
儼然是「考古題大富翁」！
後來師從醱酵大師——小泉武夫教授，
訪遍各地釀造酒廠……那段在日本求學的日子，
有苦有甜，歷歷在目。

我的家族在日治時代開始從事釀造這一行業，至今已有八十多年歷史，大家認為我到日本攻讀東京農業大學釀造學系，是理所當然的事。其實，並非如此，是因緣際會。

在臺灣讀書時我的考運不太好，當兵前的聯考差四分就能錄取建國商專。當兵回來之後想著應該到國外求學，當時考慮去美國或日本，因此早上補習英文，晚上換補日文，日夜苦讀。剛好叔叔在日本著名的東京農業大學「育種研究所」擔任研究員，當時是1977年（昭和52年），叔叔（許建昌，植物系教授）說他們學校有一個釀造學系很值得去就讀，建議父親讓我去日本求學。

釀造系第一位臺灣留學生，考古題大富翁

我是學校裏唯一一個沒有先去讀語言學校的外籍學生。育種研究所，是由近藤典生教授（1915～1997）於1950年成立。近藤教授被稱為「異能的天才近藤」，其發明了無籽西瓜與無翅雞（因為是籠飼，不需要振翅空間，因此思索如何配種改良至翅膀退化，後來因為產卵率太低而停止計畫）的研究。近藤教授家裏一部分土地捐贈給政府，這塊地就是現今在我們學校對面的馬術公苑，以前我們常常在好天氣時穿著實驗室白上衣，翹課跑到公苑去曬太陽，所以馬術公苑常可看

到許多穿白衣的學生。育種研究所裏有一座非常有名的「食と農博物館」，由知名的日本建築師隈研吾所設計，建議大家如果到東京，可以順道去參觀。此外，秋篠宮文仁親王（上皇明仁以及上皇后美智子之次子，德仁天皇之弟）的博士論文，也是在育種研究所的研究室裏取得。

近藤教授在學校非常有權威，我叔叔正好是他所主持研究室的研究員，請教近藤教授：「我有姪子想來這裡念書，但沒有先念語言學校。」結果近藤教授說：「沒關係呀！請他先參加一般的考試，如果考得不錯，我們就錄取他。」因為有學校教授的推薦，而且那一年開始我的運氣變得很不錯！學校考試採行五科選三科應試之制度，我選了喜歡的生物、國語（日文）和英文，結果我一考就考上，後來我才知道我是釀造系裡第一個臺灣去的留學生。

剛去學校我的日文很不輪轉，在臺灣學的都是日文單字，到學校只好從頭開始學，想說早上起床在租屋處把握時間學習，聽聽NHK電台廣播，但很奇怪的是，聽著聽著怎麼都聽不懂！連續聽了兩個多月，直到同學來租屋處拜訪，這才告知我聽的是韓國話！

初期在學校我非常緊張，和同學講英文，結果大家紛紛走避！只有一位念過基督教學校的同學熱情地搭理我，另外還有一位年紀和我差不多，他畢業後出社會就職，之後再重回校園，他對我這個外國來的同學很照顧，教導我許多。後來我和大家熟悉之後，詢問當初為何我說英文大家就溜掉，同學笑著解釋當時的感覺：「吼！這小子烙英文了，大家快逃啊！」可見日本人除非必要，還是不喜歡開口講英文！

上課時我非常認真抄筆記，坐在第一排。後來想想這樣不交朋友、太孤僻是不行的，於是經常做菜請同學到家裏享用，我的租屋處位於車站和學校的中間點，同學來用餐之後會說：「許君，一起去學校吧！」因此我家變成了同學們聚會的場所，非常熱鬧！同學和朋友變多了，好處是考試時獲得的考古題最多（人緣看來不錯），來自日本各地的同學，紛紛把學長們所遺留下來的考古題偷偷遞給我，還神祕兮兮說道：「許君，這考古題給你，不過，你不要跟別人講喔！」我將考古題當作「還禮」，把這個同學拿給我的交給另一位也給我考古題的同學，禮尚往來一下！

扎實的學習與訓練，無縫接軌立即就業

由於同學們家裏大多是製作醬油、清酒、味噌或食酢，大概有85% 從事釀造業，到我兒子這一代來母校念同一科系、同一研究室時，只有不到 20% 的同學家裡行業與釀造相關，估計是因為學校變得愈來愈有名氣，大家都想來念。因此學校在短期大學，也就是專科，還保留了名額讓家裏隸屬釀造業的同學來就讀，但是大學部就沒有保留。

我剛進去先念二年短期大學，畢業後經過考試升上大學部。在短大一年級的下半學期，我進入柳田藤治教授的「醱酵食品研究室」，剛開始先幫忙學長清洗實驗瓶、試管之類的瑣事，因此前兩屆、三屆的學長，都認識也熟稔，對於日後的產業人脈有極大幫助。

當時學校的不成文規定，家裏做清酒的，跟研究清酒的教授學習；家裏做味噌的，師從味噌權威；我們家做食酢，於是便跟著研究酢非常著名的柳田教授學習。我的指導教授柳田藤治人很好，但非常嚴格，教授說：「你求學時我會對你很嚴格，但不會不讓你畢業。」在日本，大學時期就要撰寫論文，我的題目可以說是班上最難的，是研究「酢的循環（TCA Cycle）理論」；因為題目不好做，教授另外指派一個人和我一組一起完成，我負責做實驗，他負責寫論文。

實驗室裡有很多精密儀器，例如胺基酸分析機，有的價值好幾百萬元，但教授毫不介意地讓我們自己拆解儀器修理、自己組裝，我認為這是日本訓練學生一個很好的觀念：讓學生自己動手做！教授們讓你大膽地拆了一地的機械，組不回來或是機器壞掉沒關係，再請廠商或老師來協助修理或復原。有了這樣扎實的經驗，學生自然而然學習到很多知識與技能，也因此受到產業界歡迎，畢業就可以無縫接軌，馬上就業。

我們家是做食酢的，因此跟著研究酢的柳田藤治教授學習。右圖是用「聞香」來檢驗麴箱製成的麴之好壞。

跟著醱發酵大師四處學習，周遊列「廠」

在實驗室裏，唯一的Happy Time就是週五的晚上。禮拜五晚上教授大約六點就會先行離開，平常老師大概九點、十點還在學校指導學生，老師沒有離開，沒有人敢先離開（這在臺灣可能是不可思議的事，現在是學生先離開，教授還在教室啊！）直到今日，日本還是保持這樣的治學傳統，是尊師重道的表現。由於老師非常有名，很多廠商搶著把伴手禮送來給教授，所以每到下午三點的午茶時光（お茶の時間，學弟要先泡好茶，請學長來享用），大家泡茶、吃點心，討論實驗內容，享用著來自全日本各地的伴手禮（我印象深刻當時吃過最難吃的點心，是琦玉縣的名產草加煎餅，咬起來堅硬得猶如鋼盔！）。因為辛苦研讀，同學之間的革命感情也很堅定。

我的另一位教授是著作將近百本醱酵食品專書的日本醱酵大師——小泉武夫教授。他非常喜歡我，因為我的英文還算流利，如果有外國學生或是外賓到訪，他就派我出來當翻譯！我也跟小泉教授跑遍了好多地方，像三得利等好多有名的酒廠。

小泉教授真的是非常有名的大師，一般訪客通常只能獲得酒廠一杯啤酒，但如果小泉教授來訪，酒廠同時奉上的還有牛肉乾、香腸、起士、花生，十分「澎派」！我畢業後他還來過臺灣，我帶著教授四處走訪，介紹我的故鄉，讓他非常高興。雖然日本老師很嚴格，但當學生畢業，老師都會盡力幫學生介紹好的工作，也因此和產業界的聯結十分密切，也能得到很多寶貴的研究數據與資訊。

畢業之後，柳田教授介紹我去神奈川縣一家非常有名、製作味噌的公司工作。由於我是外國人，在日本就業必須拿公司裡許多證明文件與資料

2023年6月，我的大學恩師湯淺浩史（左）教授帶團來臺灣參訪時的合影。湯淺教授現職為東京農大進化生物研究所所長，他曾經在四十多年前親身在臺灣喝過口嚼酒，是口嚼酒的見證人。

在日本求學，讓我有很大的體認，凡事親力親為，必須清楚事情的來龍去脈。也因此，在釀酢的過程中，我本著做實驗的精神，將釀造的紅麴酢放入西班牙雪莉酒橡木桶中熟成。

申請工作簽證，這間公司不願意提供，因此我並沒有成行。

此時，父親留學日本的高中同學大久保 實先生（其公司為大久保製壚所），聽聞此事，說你們家不是和神戶的マルカン（Marukan）酢株式會社（生產日本三大名酢之一，有370多年歷史）有業務關係，由於時間緊迫，大久保叔叔直接打電話給社長介紹我，老社長非常親切馬上說：「明天就來面試！」大久保叔叔親自帶著我從東京坐新幹線去神戶，見過老社長後當場被採用，還配了一間宿舍給我。我的人生每每在重要時刻與階段，都有貴人及時相助，讓我心懷感恩。

緣分往往如此奇妙！雖然無緣在味噌公司工作，但回臺之後，我從事最多研究工作的就是味噌！

嘉生式料理新

醱酵釀造

第3章

技法——食譜應用

本書最大的用意，是把傳統製作方式改良之後再創新，
讓大家用簡易的方式做出美味的料理。
希望能拋磚引玉，
若是讀者能找出比書上更好的配方與做法，
因為自己做出的最好吃，不一定按照本書的食譜，
如果能自己試做進而調整，
加上別人試做也認同的加持，好上加好，
那麼本書的出版將會變得更有意義。

雖然不是專業廚師，但是對於食譜，我著重的是藉由多次的實作，將分量比例記錄下來，成為活用、好用的食譜。

本書如果只介紹醱酵釀造的理論，實在太可惜，我習慣實際操作驗證，尤其是食譜部分，是多次試做汰選後的最佳版本。

「活」的食譜，美味的黃金比例

通常一道食譜會用到的醬油、醇米霖、糖、酢等各式調味料，我會先連容器一起分別秤重、記錄，然後試試看各個調味料添加起來的味道，再慢慢加減、慢慢調整，直到找到不錯的味道，連容器一起秤重，再減掉容器重量，就是各個調味料的分量配方。不過，這樣的「實驗」結果，往往因為操作多次，同一道食譜有很多種版本，我最後還是會透過實做，確認哪一個食譜最好，我稱之為「嘉生式料理新技（Ka-Sei Shiki Shinn Gihou）」。

本書的編輯告訴我，我的食譜是「活」的！或許因為我是理工出身，別人的食譜會告訴讀者使用食鹽幾大湯匙、使用酢幾小匙等調味分量，我卻希望讀者能夠活用理論，不要「死讀食譜」，找出為什麼，因此本書多數食譜經過研究實做列出食材使用的最佳分量比例；例如書中第 127 頁的「鹽麴芥末茄子」食譜，鹽麴的使用分量為茄子重量的 40%，其餘食材分量比例為食鹽 2%、芥末 2%、白糖 25%、糯米酢 8%、醇米霖 8%，而這些「趴數」就是我透過反覆實做記錄下來，最美味的「黃金比例」！

低鹽淺漬，2%食鹽的醃漬哲學

現在醃、即刻可食的「淺漬（浅漬け Asa Tsu Ke）」，是當今日本流行的醃漬主流，大約花個 10 分鐘，簡單易做又美味，同時不需要開火，也不用花費太多時間，適合現代人的便利生活。日本流行的「淺漬」，其第一層意義是：利用食鹽（使用分量多為欲醃漬食材重量的 2% ～ 3%）對食材的滲透作用，將蔬菜的水分帶出，使蔬菜在短時間內變得柔軟，且容易入口。第二層意義：鹽分作用讓水分釋出後，蔬菜細胞空間可以容納吸收醃漬時調味的醬汁，讓醃漬成品更顯美味。況且，古早時代的醃漬法，為了長久保存，通常會使用高達 20% ～ 30% 的食鹽，但如今科技進步，冰箱極佳的冷藏功能可以替代高鹽保存食物，因此使用 2% ～ 3% 的食鹽醃漬食材後放進冰箱冷藏醃製即可，不需要用大量食鹽來醃漬保存食物。

不過，在二十多年前我已透過實做研究，領悟出「淺漬」的另一層深義，意即「2% 食鹽的哲學」。醃漬食鹽濃度愈高，食材經重石重壓出水的速度愈快（重石不需要重壓太多天），但是，

假日時我會在小農場栽種四季蔬果，每到收成時最開心，除了和親友分享外，也都是我的料理「實驗」材料。

如此醃漬出來的成品也會變得很重鹹，譬如古早時候阿嬤醃漬的「冬瓜醬」，多使用大約 20% ～ 30% 的食鹽，這也是因為要長期保存的緣故。相反地，食鹽濃度愈低（2%），時間愈久，食材經重石重壓的重量就要愈重（慢慢加重，重壓的第二天翻攪一次讓鹽度均勻，再繼續重壓，如此反覆幾次，也會如同高濃度食鹽所醃漬出來的效果），但所醃出來的成品吃起來的味道卻是剛剛好！

而淺漬鹽分的使用，經過反覆實驗，我發現 2% 食鹽效果最佳！鹽分的攝取也最低！ 3% 或 4% 會過鹹，沒有那麼美味。沒想到我的「低鹽淺漬」理念與現在日本流行風潮不謀而合！讀者們可以在〈醃漬（乳酸醱酵）類〉單元中找到多道以 2% 食鹽做醃漬的食譜，希望大家都能試做看看。

選用比黃梅香氣更濃郁的胭脂梅，利用「低鹽淺漬法」製成的醃梅，好滋味外還符合健康需求。

MEMO

重石壓重，食鹽濃度與浸漬物的探討

小泉武夫教授在其著作《漬物大全》中第245頁曾提及醃漬的原理，有關食鹽濃度與浸漬物的探討，經過我實驗之後結果闡述如下：醃漬物是使用食鹽溶於水之「食鹽水」來浸漬。例如使用1%的食鹽水（水1公升加入10公克之食鹽溶解而成）約可達6～7氣壓之浸透壓，而一般蔬菜的細胞液，其浸透壓約為5～6氣壓，比1%的食鹽水來得低，所以用2%的食鹽水溶液，比蔬菜細胞液的浸透壓來得更高，如此會造成細胞液的脫水現象，因此經過我親身實驗，還是得用重石來壓重，效果會更佳（如果家中沒有重石怎麼辦？可以用空寶特瓶裝水來替代重石）。

小黃瓜、胡蘿蔔、茄子、白蘿蔔等，都是米糠醬菜（米糠漬）常用的食材。

日本味的秘密：さしすせそ
日語50音Sa行與調味料的美味關係

關於醱酵食品，我在日本時，也發現到一個有趣的現象。如果你問日本的家庭主婦，日本人生活中最常用的調味料是哪些？大部分的人一定會回答：「さしすせそ」。甚至有人還會信誓旦旦地說，「さしすせそ，就是掌握日本料理好滋味的口訣。」

「さしすせそ」指的是日語50音第3行Sa行，讀音為「Sa Shi Su Se So」，分別代表一種日本料理中最重要的五種調味料。さ（SA）指的是砂糖（SATOU）、し（SHI）為鹽（SHIO）、す（SU）是酢（SU）、せ（SE）是醬油（SHOUYU）、そ（SO）指的是味噌（MISO），這五樣調味聖品裏，有三樣：Su酢、Se醬油、So味噌，正好是經過微生物作用的醱酵食品。

這個「さしすせそ」口訣，有點類似我們常說的開門七件事：「柴、米、油、鹽、醬、酢、茶」，同樣是日常生活（尤其是烹調）中的必須品。此外，「さしすせそ」也意味著做日本料理時調味料放入的順序，這一點應用在「煮物」類最為適用，像是烹調燉菜時，要先加糖，原因為甜味較難入味；而鹽的滲透壓會逼出食材的水分，若先加鹽後加糖會使甜味進不了食材裏，因此後加鹽；而酢會妨礙甜、鹹味的作用，排在第三個調味；第四個放入日式醬油，因為其不宜久煮且容易揮發；味噌是用來提味的，所以最後再加。不過，也有人認為照著「さしすせそ」的順序煮菜，僅僅是一個參考方法。下回讀者們可以試試看用這個順序實際來烹煮日式料理，看看是不是真的非常美味？！

醱酵醃製入味的首要關鍵——食材的切製

當所有自然醱酵、醃漬及釀製的食材清洗並處理好了之後，接下來「切製」的動作，將是醃製成敗的第一個關鍵！食材切製得適不適當，攸關到醃漬（調味）能不能有效滲入，以及是否方便食用。以下用胡蘿蔔為例，將常用的切製方法羅列出來，給大家參考。

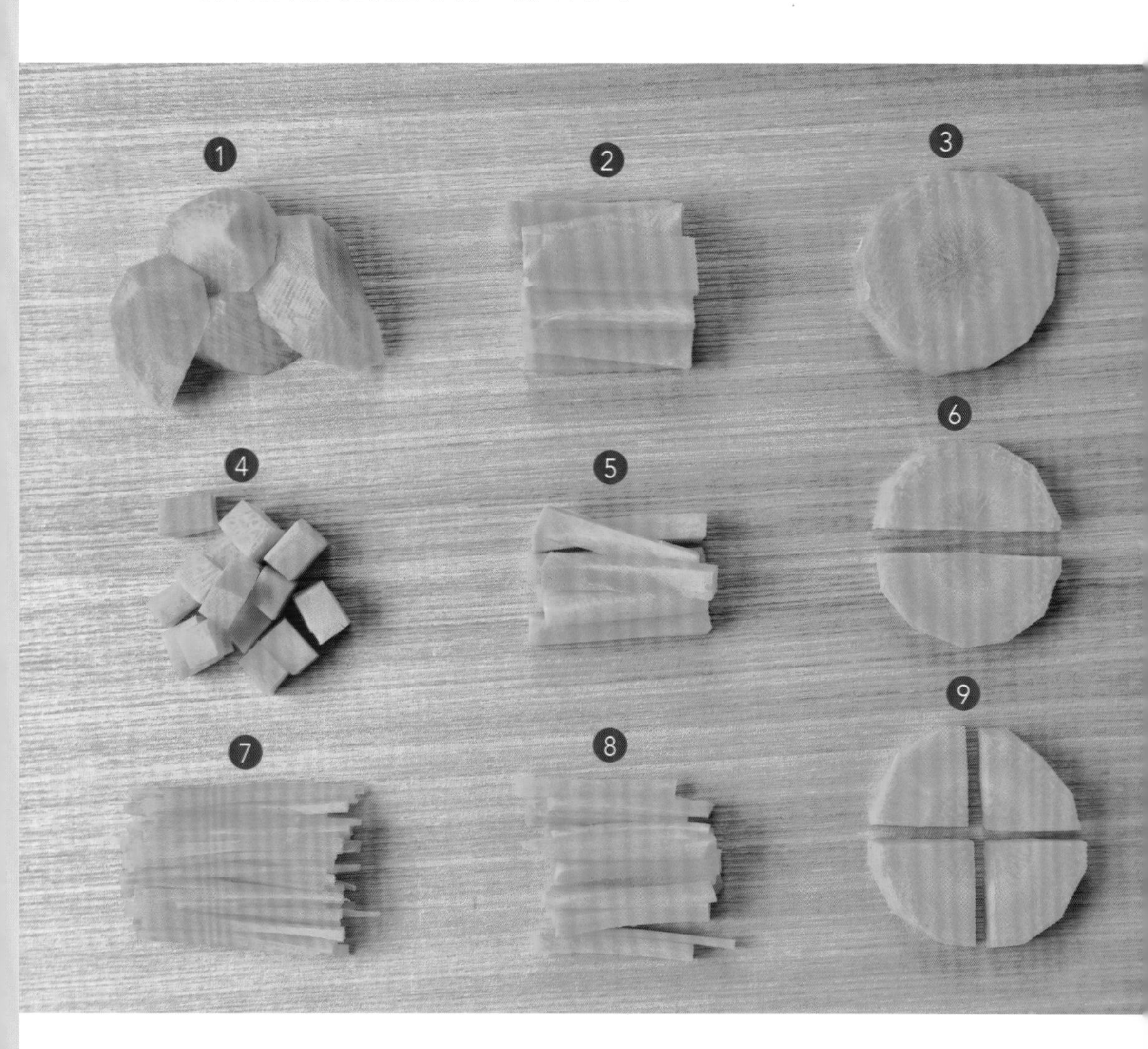

❶切滾刀（亂切り）：
將胡蘿蔔、白蘿蔔等圓柱狀食材一邊旋轉，一邊斜切成塊狀，每個滾刀形狀不一，但大小要差不多。

❷切長方形片狀（拍子木切り）：
像胡蘿蔔這種圓柱形食材，先切成長約3～4公分長段，橫切成片狀，再切成寬約1公分的長方形片，可依需求切薄片。

❸切圓片（輪切り）：
從圓形食材上方往下切片，可視料理需求，切成厚片（約1公分）或薄片（0.1～0.5公分）。

❹切丁（1公分角切り）：
將角柱狀粗條切成約1公分大小的方形大丁，大丁再切成約0.5公分大小的小丁，小丁再切得更細，就是切末；大丁和小丁適合涼拌。

❺切粗條（短冊切り）：
將圓柱形食材先切成長約3～4公分長段，橫切成厚片狀，再分切成木條似的角柱狀粗條。

❻切半圓片（半月切り）：
半圓片亦可稱為「半月形」。將圓形食材先剖半，再由上往下切厚片或薄片。這是感覺圓片太大時所採取的切法。

❼切細絲（千切り）：
將細條再切成如同針一般的細絲，或是將食材直接切成薄片狀，疊起來由上往下再細切成絲狀，常見的有薑絲、蔥絲等。

❽切細條（細切り）：
將角柱狀粗條再分切為4份，即為如同火柴棒大小的細條。

❾切扇形（銀杏切り）：
將圓形食材切對半，再對切，成為1/4片的扇形。厚薄也是根據需求拿捏。

日本人是做事嚴謹的民族，就算是烹調手法裏常見的食材切製方式，也會將其命名，讓大家了解形狀、規格（詳見上方日文名詞），形成一種「共同語言」，這樣無論在教學或傳承烹飪文化上皆有助益，這是我們應該學習之處。

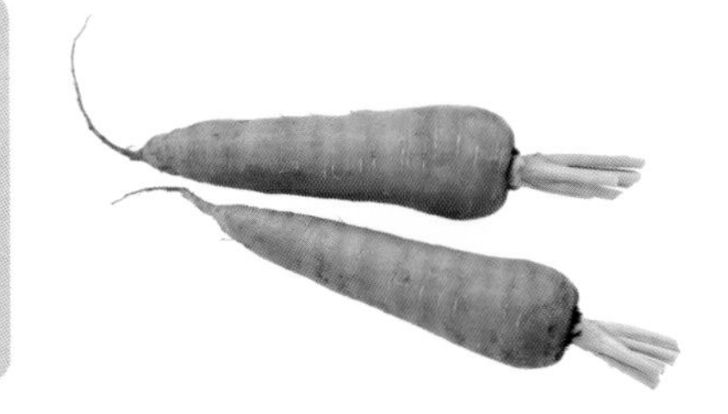

烹飪常用器具

雖說「工欲善其事，必先利其器」，但家庭式醱酵、釀造的器具，其實大部分都可以在家中廚房找到。以下是主要幾個我經常使用的器具，提供給讀者們參考。

電子秤：可秤量食材（調味料）重量，幫助用料分量之精準度。比傳統磅秤要來得精準。我的電子秤最小單位為0.1g。適合小家庭使用。使用時切記要放置於水平桌面上。

寬口有蓋保溫瓶（杯）／燜燒罐：保溫瓶（杯）一般有長時間保溫、保冷、保鮮的優點，燜燒罐則多了燜煮的功能。內層材質大多為不銹鋼，也有廠商會塗上陶瓷或鐵氟龍以避免食物染色。本書使用於製作甘酒及鹽麴，如果製作分量比較多，建議選用容量大一點的、400ml以上的有蓋寬口保溫瓶（杯）／燜燒罐。

料理用電子溫度計：可在油炸、水煮、燒烤或烘焙等烹飪形式中，用來測量食物的溫度。有的還能設定溫度，待食物降溫至設定溫度時會發出鬧鈴聲提醒。本書使用於製作甘酒與鹽麴時，測量糖化時的溫度。

玻璃調理碗：有不同大小的尺寸，可靈活運用。用來盛裝粉狀或液態食材、調味料，搭配筷子、大小湯匙、打蛋器使用，達到攪拌與混合的目的。

不銹鋼調理盆：耐用又耐熱的不銹鋼調理盆，在烹調或烘焙的使用上，有助於混合、攪拌食材，或是發麵、醒麵。可準備不同大小的尺寸，依需求靈活運用。

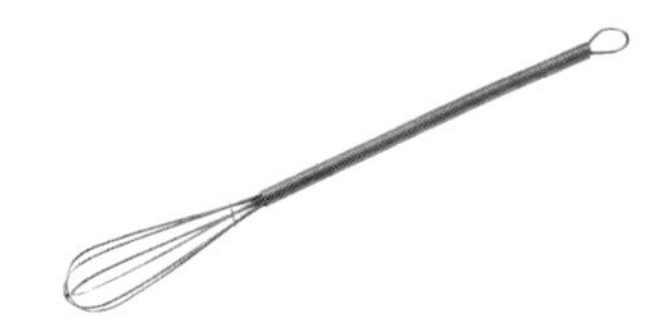

攪拌棒（打蛋器）：適用於打勻或混合攪拌蛋、糖、奶等食材，也可用於攪拌調製沙拉醬、打發鮮奶油，或是攪拌味噌。可依需求選擇適合大小。

漏斗：材質為不銹鋼或塑膠。一般用於將液體或細粉狀物體灌（倒）入較窄瓶口容器中，是大瓶罐分裝成小瓶罐的最佳幫手。本書用於製作「煙燻紅麴香腸」，將腸衣一端開口套在漏斗管狀部位，即可充填香腸內餡於腸衣中。

大小篩網：有各種不同大小的尺寸，用於過篩高筋、低筋等麵粉及其他粉類，目的在於避免與其他材料混合攪拌時結塊。過篩也可讓食材口感更為細緻，譬如紅豆、綠豆、毛豆或馬鈴薯蒸煮之後過篩網壓成泥狀。

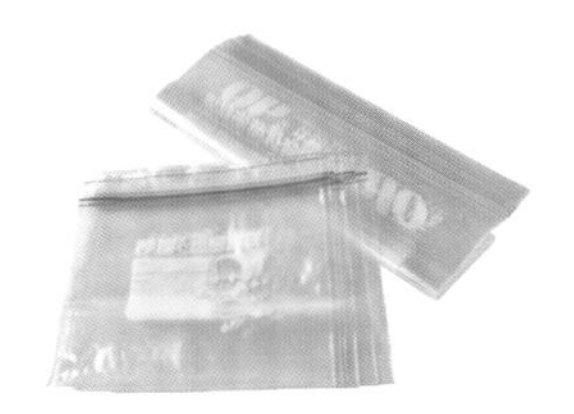

塑膠食物密封（保鮮）袋：一般用來分裝冷藏或冷凍、防潮儲存的密封（保鮮）袋，亦可用在醃漬，通常是製作可快速食用的淺漬，例如「鹽麴小黃瓜」，將小黃瓜和鹽麴一起放入密封袋中搓揉均勻。

不銹鋼密封保鮮盒：有不同尺寸，原本用來儲放食物、防潮保鮮的不銹鋼密封保鮮盒，用在醃漬食物也很不錯，尤其是「米糠漬」特別適合。

各式透明玻璃密封罐：適合保存、保鮮食物的玻璃密封罐，其實也適合拿來長時間醃漬食物，尤其是液體較多、需要觀察醃漬狀況的酢梅、烏梅、酢薑等漬物。

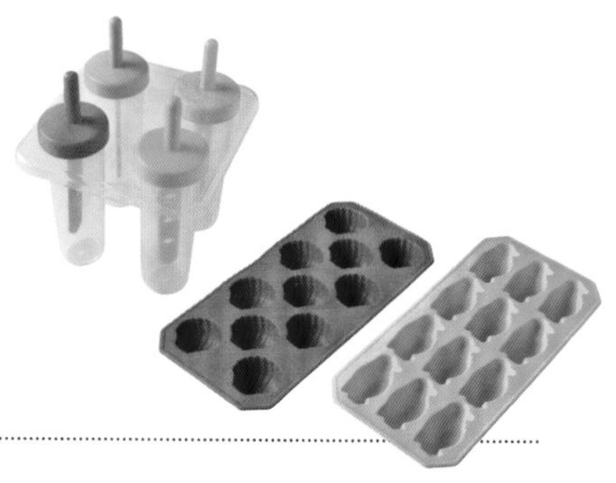

各式製冰器／冰棒模具：市面上製冰器／冰棒模具的材質多為塑膠、食品級矽膠、鋁及不銹鋼，其中矽膠因質地柔軟脫模取冰較其他材質容易；其他材質若脫模不易，可用熱毛巾裹住，或用吹風機熱風吹一下，或放置溫水中泡一下，即可脫模。

竹篩：在鄉下最常見用來日曬梅乾菜、蘿蔔乾，有不同尺寸，可依需求靈活用運。為防發霉，使用之前須洗淨、晾乾。（備註：比竹篩高一點、深一點的，稱為竹簍，例如採茶竹簍。）

烤箱冷卻架：可將剛剛烘焙或蒸好的麵包、糕點、饅頭，放置於冷卻網架上散熱、放涼。需要經過日曬的醃漬食品（例如蘿蔔乾、筍乾、梅乾），也可以均勻擺放在網架上。

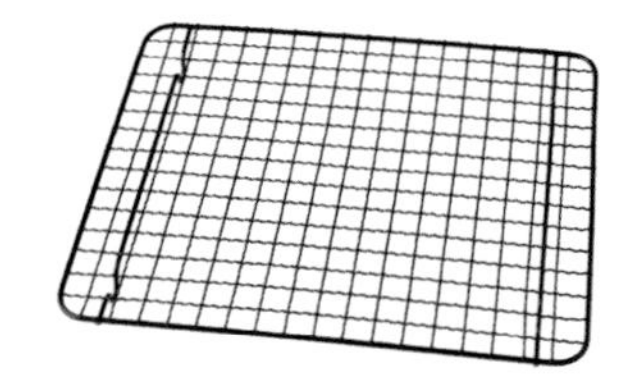

◆特別介紹

手持式糖度計：糖度計是用來快速測定含糖溶液以及其他非糖溶液濃度或折射率的器具。用法是將待測汁液數滴滴在檢測稜鏡上，闔上蓋板（約靜置30秒鐘），將糖度計置於光線下，透過另一端的圓形目鏡觀察並測量糖度（Brix）。另外也適用於水果採收時的甜度分級。本書使用在測量米麴製作時的糖度，用來判斷是否符合標準。

附蓋親子丼專用鍋：這是一款專門設計用來烹調親子丼的專用鍋，材質為鋁合金，分量大約為一人分。鍋邊連接豎直的長柄，方便握著快速「移轉」食材（當親子丼完成時可握著長柄快速倒入碗中）而不會被燙到，符合親子丼便利迅速的特性。

[重量換算表]

公克=g；毫升=cc、ml
毫升是測量液體材料單位，不是重量（公克）單位

- 1公斤=1000公克
- 1台斤=600公克=16兩
- 1兩=37.5公克
- 1錢=3.75公克=1/10兩
- 1磅=454公克=16盎司
- 1盎司=28.35公克

本書常見蔬菜水果產季及營養成分表

名稱	產季	營養成分
大蒜	3月下旬至4月中旬	醣類、蛋白質、維生素B1、B2、鈣、磷、鐵，以及蒜素等硫化物。
毛豆	春豆：4月底至5月底 秋豆：11月底至12月底 冷凍毛豆則不限產季	被稱為「植物肉」，富含蛋白質及膳食纖維、大豆異黃酮、不飽和脂肪酸、鎂、鈣、鉀、維生素B及C等。
小黃瓜	3月至11月	β-胡蘿蔔素、維生素C、鉀及葉酸。
冬瓜	4月至10月	維生素B1、B2、C、蛋白質、鈣、磷、鐵、鉀、胡蘿蔔素等。
番薯（地瓜）	一年四季皆產，但12月至翌年3月產量較大	蛋白質、膳食纖維、β-胡蘿蔔素、維他B1、B2、B6及維生素E及C、葉酸、鉀、鈣、磷、鎂、鐵和鋅等。
越瓜	4月至11月	鈣、磷、鐵，檸檬酸和維生素A等。
臺灣長茄	5月至11月	鈣、磷、鎂、鉀、鐵、銅及維生素A、維生素B群、維生素C、維生素P等。
紫蘇	4月至10月（鮮葉）	鐵質含量為蔬菜之冠，另有鈣、磷、鉀、胡蘿蔔素、維生素C等。
芥藍菜	8月到翌年4月	維生素A、B、C及蛋白質、鈣、鐵等。
山東大白菜	11月至翌年5月	膳食纖維、胡蘿蔔素、維生素B1、B2及C，鈣、磷、鐵。
白蘿蔔	11月至翌年3月	鉀、鈉、鈣、葉酸、維生素C。
胡蘿蔔	11月至翌年4月	維生素A、B6、B7、K及鉀、類胡蘿蔔素（β－胡蘿蔔素、α－胡蘿蔔素、葉黃素和茄紅素）等。
佛手柑	12月至翌年1月	維生素C、胡蘿蔔素、鉀、鈣、鋅、硒等。
牛蒡	2月底至6月 冷藏保存，秋冬亦可食	有「東洋人參」之稱。含胡蘿蔔素、鉀、鎂、鈣、膳食纖維等。
麻竹筍	5月至9月	蛋白質、膳食纖維、維生素B、C及鉀、磷、鎂、鈣、鈉、鐵、鋅等。
青梅	3月下旬至5月下旬	鈣、鈉、磷、鐵及多種有機酸、果酸。
柑橘	冬季為主，南部10月至12月，中部1月至2月	維生素C、B群，磷、鎂、鉀、銅、植化物（含多種黃酮類化合物、類胡蘿蔔素）等。
蘋果	臺灣蘋果產季多在8月至10月，其餘月分多為進口	維生素C、E、β-胡蘿蔔素、茄紅素、山柰酚、槲皮素等多種抗氧化物質。
桑椹	3月至5月	鐵、鈣、磷、鉀、胡蘿蔔素、維生素A及C等。

甘酒

甘酒（あまざけ Amazake），因為含有大量的葡萄糖，所以在日本被稱為「喝的點滴」，其豐富的營養價值被視為長壽養生的秘訣；另含豐富的食物纖維和奧利多糖（Oligo），有利於腸內益生菌的增殖，一般認為能快速補充身體能量。日本的甘酒依原料分為「米麴甘酒」和「酒粕甘酒」，本次介紹的是擁有淡雅香氣、甘甜溫順的「米麴甘酒」，提供兩種做法給讀者們參考。

材料

A 100%米麴：
穀盛乾燥米麴……100g、70℃熱開水……100g

B 10%米麴：
米飯……100g、穀盛乾燥米麴……10g
70℃熱開水……100g

做法

1- 將材料A放入廣口保溫杯中，用攪拌棒攪拌均勻，蓋上杯蓋（溫度保持在55～60℃），保溫3小時以上即可，此為第一種做法。

2- 將材料**B**煮好已冷卻的米飯放入廣口保溫杯中，加入乾燥米麴10g，再加入70℃熱開水100g，用攪拌棒攪拌均勻，蓋上杯蓋，經過1小時，再打開杯蓋，均勻攪拌一下。放置一個晚上，第二天即成甘酒，此為第二種加入米飯的甘酒做法。

- 一般家庭製作甘酒，多使用電鍋或是甘酒專用保溫鍋，但其實改用廣口保溫杯取代電鍋等，更省電、更環保。
- 材料**B**的米麴添加比例為米飯分量的10%，用糖度計測量Brix（糖度）為Bx°18°～21°以上為標準。
- 第二種加入米飯的甘酒做法，溫度同樣要保持55～60℃之間，若測試後溫度低於50℃，可倒出來再加熱至60℃；溫度過低代表保溫杯保溫不夠，致使糖化速度變慢。
- 應用：製作好的甘酒，將過濾後的糖液放入平底鍋內，以小火煮至收汁且有黏性時，即成甜甜的「米飴」（古時甘蔗尚未引進時，皆以此法做成飴。日本稱為「水飴」）；而過濾後剩下的甘酒粕，也可加入饅頭或麵包麵團中，促進發酵並增加風味。
- 順帶提及「酒粕甘酒」製作：酒粕30g、糖30g（甜度可自行增減）、70℃熱開水100g，做法如同「米麴甘酒」。不過，由於在臺灣酒粕不易取得，所以不鼓勵加糖的酒粕製作。

將湯圓煮熟，加入甘酒拌勻，就是一道老少咸宜的暖胃點心。

洽 知識通

飴之由來──神明方能享用的供品

古時候用米或地瓜等含有澱粉的材料，經過糖化製成「飴」。飴，就是甘いのあま，由中國傳入，《日本書紀》中記載了飴的做法，證明720年前已存在；而在平安時代中期的辭書（字典）《和名類聚抄》中，更有「飴」字記述。「飴」的日語為あめ（a me），古書中記錄其漢字為「阿米」，經推測應為用米做原料。從前，飴是非常珍貴的，不僅用在菓子的製作，也用在調味和滋養食品上，和清酒一樣，主要供奉給神社的神明。飴的「台」字有「喜悅、愉悅」之意，意即吃了後有愉悅之感。
提到飴，讓人聯想到麥芽糖，現今臺灣麥芽糖的製作原料，大家都以為全部使用麥芽，其實還有糯米；利用發芽的小麥其根部有大量酵素，可以分解澱粉而製成，俗稱「麥芽糖」。若是以米100%製成，應稱之為「米飴」。麥芽為過敏性物質，米飴採用米麴來糖化，100%是米，因此成品沒有過敏性問題，為無麩質食品。

鹽麴

鹽麴用途多元，可取代食鹽、味精等調味料，用於醃漬魚、肉、蔬菜等食材，或入菜調味、煮湯、火鍋，都能提升料理美味及鮮度；尤其將鹽麴加入中式及西式料理（中式炒麵、義大利麵），都有意想不到的特殊效果！

材料

穀盛有機米麴 ……200g
食鹽 ……14g、70℃熱開水 ……250g

做法

1- 有機米麴200g加入14g的食鹽混合均勻，再加入70℃的熱開水250cc攪拌均勻。

2- 做法❶直接放入廣口保溫瓶中，加蓋，保溫約3小時（糖化），再裝入已消毒的玻璃容器中冷藏保存。

3- 做法❷建議也可放入廣口保溫瓶中，保溫一個晚上即成，第二天早上即可使用。

為什麼？原來如此！

- 用米麴製作鹽麴一定要先經過糖化成為甘酒，糖化的溫度必須控制在55℃～60℃間，這是糖化酵素分解澱粉最適合的溫度。
- 甘酒再加上米麴分量7%～8%的食鹽，就是鹽麴喔！因此做法❶的食鹽可以先不加，先製成「甘酒」，等到後面再加添鹽製成鹽麴，這樣就可以品嘗到甘酒和鹽麴兩種食品。
- 米麴可以運用在釀造味噌、鹽麴、甘酒、酢、米酬、醬油等，是中國發酵食品的源頭。
- 臺灣的鹽麴比日本的鹽麴鹽分還要低，日本一般為12%～13%，臺灣為7%～8%。

鹽麴蒜糀

鹽麴，在發酵過程中所產生帶有特殊香氣的細膩鹹味與甘甜味，適合用來調味或是當作蘸醬，可以說是冰箱中最好的常備菜了。這道「鹽麴蒜糀」製作起來毫不費工，完成度100%！

材料

大蒜 ……100g
鹽麴 ……100g

做法

1- 大蒜去蒂頭、剝除皮膜後，依個人喜好大小切成小蒜塊或蒜丁。

2- 將做法❶切好的蒜塊（丁）加入鹽麴，攪拌均勻即成。

3- 做法❷裝入玻璃密封罐中，放入冰箱冷藏，可以長期保存。

- 做法❷攪拌時，也可以加入少許的油，防止氧化及表面的過度乾燥。另外，亦可加入少量的麻油或花生油，風味更不同；若是加奶油，適合西式料理，建議都試試看。
- 鹽麴蒜糀可以拌飯、拌麵，炒肉或炒麵，是非常實用的調味佐醬。

鹽麴小黃瓜

嘉生式料理小訣竅

小黃瓜、鹽麴的分量黃金比例為10：1。

鹽麴醃製食材時所產生的甜味，要歸功於米麴生長時所產生的分解酵素，其可以把食材中的澱粉分解成葡萄糖，進而產生甜感，且能促進身體的消化和吸收。這次示範最簡單易做的家常小品，只要用小黃瓜和鹽麴就可以完成。

1

2

材料

小黃瓜 ……100g、鹽麴 ……10g

做法

1- 小黃瓜洗淨晾乾後切片（也可切成滾刀狀），加入鹽麴充分拌勻。

2- 將做法❶放入密封袋內，混合搓揉。

3- 做法❷將空氣擠出後密封，放入冰箱冷藏醃製約1小時，即可取出食用。

○ 做法❶的小黃瓜切片時，切得愈薄愈快入味，切得愈厚入味較慢。
○ 除了小黃瓜，洋蔥、茄子、嫩薑、南瓜、水果椒（黃、紅）、花椰菜等蔬果都可以搭配鹽麴醃製。

毛豆鹽麴餡

臺灣盛產毛豆，外銷多達三十餘億元（2014年），且產量年年增加，除了直接食用，幾乎沒有用它來加工。日本仙台的名產ずんだ（Zunnda）毛豆麻糬餡，令我深刻印象。自己試做後才知道毛豆加熱後仍可保持鮮豔綠色，適合用來做包子、點心等內餡。

材料

冷凍毛豆 ……270g
水 ……300～320g
鹽麴 ……27g
白糖 ……103g

做法

1- 將市售冷凍毛豆解凍之後，放入果汁機內，先加250g水先打成泥放入調理盆內。

2- 果汁機加入剩下50～70g水，把黏在機內周圍的剩餘毛豆泥沖洗出來，一併倒入調理盆，再加入鹽麴、白糖攪拌均勻（若水量不足，可以斟酌增加，待熬煮至收汁時，自然會蒸發）。

3- 做法❷倒入平底鍋，用中火慢慢熬煮至收汁（不容易攪拌，鍋邊會呈現部分焦化）。

- 鹽麴的量為毛豆總重量的10%，白糖為38%，水的重量比毛豆重，才容易打碎攪拌。
- 毛豆餡加入鹽麴之後，會呈現出特別的甘味，非常好吃。

鹽麴雞腿排

嘉生式料理小訣竅

＊做法❷在煎雞腿排時，切忌用大火，因為鹽麴含有糖分容易焦化。
＊整道食譜的關鍵重點，在於鹽麴是否有均勻搓揉於雞腿排上。

要烹調出一道外酥內嫩的美味雞腿排不難，讓鹽麴來助一臂之力吧！利用鹽麴中所含蛋白質分解酵素，軟化雞腿排的肉質；利用澱粉分解酵素所分解而成的葡萄糖帶來的甘甜，瞬間提升料理風味！

材料

雞腿排……360g
鹽麴……36g
油（任何喜歡的食用油）……15g

做法

1. 雞腿排與鹽麴的分量黃金比例為10：1，將鹽麴塗抹於雞腿排，均勻搓揉，醃製1～2天至入味（醃製2天以上風味更佳）。
2. 取一平底鍋，加少量的油，將醃好的雞腿排放入，以中小火慢煎至兩面金黃即成。

- 也可以使用里肌肉、雞胸肉製成「鹽麴里肌肉」、「鹽麴雞胸肉」，尤其雞胸肉脂肪含量較少，烹調起來常顯得口感柴柴的，不像雞腿、雞翅一般受人青睞，但適合控制體重的人食用，更可以用鹽麴來軟化肉質：雞胸肉、里肌肉與鹽麴的分量比例同樣為10：1，將鹽麴均勻塗抹於肉上，醃製1～2天至入味，以中小火慢煎至兩面金黃即成。
- 建議：用鹽麴大量醃製時，醃2天以上即可用密封袋分裝成小包，放入冷凍庫保存，方便使用。

鹽麴臺灣鯛

臺灣鯛，其實是「品質優化的吳郭魚」，經過多次品種改良，為了拓展國際市場而命名。肉多、質嫩、無小刺，有人形容其等級「猶如蓮霧中的黑金剛」。而鹽麴適合應用在魚類料理嗎？當然可以！就拿臺灣鯛來烹調吧！

材料

臺灣鯛冷凍魚排（或鯛背肉）……270g
鹽麴……27g、油（任何喜歡的食用油）……10g

做法

1- 將冷凍臺灣鯛魚排置於室溫解凍。

2- 鯛魚排與鹽麴的分量黃金比例為10：1，將鹽麴均勻塗抹於鯛魚排，並輕輕搓揉後，醃製至少1天至入味（建議醃2天以上風味更佳）。

3- 取一平底鍋，加少量油，將醃好的鯛魚排放入，以中小火慢煎至兩面金黃即成。

嘉生式料理小訣竅

＊做法❷醃好的鯛魚排，也可以用清蒸方式料理，最後試試味道，斟酌加點喜歡的香辛料即可。

＊臺灣鯛也可以用鱸魚、鮭魚、鯖魚來替代。建議可以同時大量醃製，分袋裝入，冷凍保存，隨取隨用，方便省時。

鹽麴米霖玉子燒

私房獨家

以鹽麴和醇米霖取代鹽和砂糖，烹調出來的玉子燒滋味更加鮮美軟嫩（口感不會太柴），外觀色澤令人垂涎；因為醇米霖有「增加光澤」的特性，讓玉子燒切片後的斷面，呈現水潤光澤的感覺。

材料

雞蛋 ……2個（約100g）
穀盛醇米霖 ……16g
鹽麴 ……6g
油（任何喜歡的食用油） ……10g

做法

1- 雞蛋液先打散至均勻，放入調理盆內，將醇米霖與鹽麴一起加入，再攪打均勻。
2- 長方形玉子燒平底鍋先用小火燒熱，再加油，將做法❶的混合蛋液淋在鍋中，形成薄薄的一片。
3- 待蛋液稍微凝固時，將蛋皮摺兩摺，煎成長條狀，完成第一層煎蛋。
4- 以此類推，續煎第二層及第三層，漂亮的日式煎蛋隨即完成。

○ 醇米霖的分量為雞蛋總重量的16%，若要再甜一點，可加重至20%（中甜），最甜可到30%（重甜）；鹽麴的分量為雞蛋總重量的6%。
○ 如果家裡沒有玉子燒平底鍋，一般的圓形平底鍋也可以製作出美味的玉子燒：將蛋液均勻倒入鍋中鋪平，以中小火煎至半熟，用鍋鏟將蛋體由外圍向另一端捲起，置於鍋中邊緣，以此類推，將剩餘蛋液煎完，整型成長條狀即成。若還是沒辦法順利煎成長條狀，可用壽司竹簾捲緊，加工塑型。

嘉生式料理小訣竅

＊想要有更滑順的口感，蛋液打散之後可以用細網篩過濾一次。
＊一般家庭用的玉子燒平底鍋多為長方形鍋，算是「業餘組」，若為「職業組」的廚師，多用銅製的正方形鍋，使用難度較高。

鹽麴吐司

哪一種吐司吃起來可以感覺到潤澤綿密口感，且富有彈性？加了「鹽麴」可以辦到喔！以鹽麴取代食鹽，讓酵素作用發威，使吐司成品細緻又不失柔軟，層次瞬間提升。喜歡的話務必做做看。

- 假如家中只有麵包機，配方可調整為：高筋麵粉250g、糖15g、無鹽奶油16g、鹽麴40g、水160g、乾酵母粉3g。
- **做法：**在已安裝麵包用葉片的麵包容器內，將乾酵母粉以外的材料倒入，把容器整個置入機器內，接著將酵母容器加入乾酵母粉，選擇「製作吐司」按鍵按下，待醱酵以及烘烤流程完成後，取出烤好的吐司，稍微降溫之後切片即成。

材料

高筋麵粉……1000g
乾酵母粉……25g
糖……80g
鹽麴……100g
牛奶……200g
水……570g
無鹽奶油……50g
（置室溫軟化）

做法

1- 將高筋麵粉、乾酵母粉、糖置於調理盆內拌勻，續入鹽麴、牛奶、水、奶油拌勻，約攪拌6～8分鐘，使麵團呈現有筋性狀態。

2- 將做法❶麵團放在醱酵箱中，溫度保持在30℃左右，進行第一次醱酵，40分鐘後翻面，再靜置醱酵20分鐘。

3- 取出麵團整型、分割至成型（期間要發酵15分鐘），續醱酵1小時至麵團漲至3倍大，放入吐司烤模內。

4- 烤箱以上火140℃／下火180℃先預熱10分鐘，再將做法❸的麵團烤模放入烤箱烘烤約35分鐘即成。

鹽麴烏魚子

每年冬至前後20天，「烏金」（烏魚）藉著黑潮沿大陸東海南下通過海峽，到臺灣西南海域產卵。雌烏魚飽滿渾圓的魚卵，經過鹽漬加工成「烏魚子」，受到老饕喜愛，但從來沒有人吃過鹽麴烏魚子！用鹽麴醃漬的烏魚子又有什麼不一樣？

嘉生式料理小訣竅

* 生烏魚卵膜上的血絲，可以用湯匙輕輕刮起來；若卵囊頂端有裂開，可用細綿繩綁緊，以免卵粒外溢。
* 以鹽麴醃漬烏魚子，其優點為甘中帶點鹹，不會呈現一般鹽漬烏魚子的死鹹滋味。
* 也可嘗試用紅魽等其他魚類的生魚卵來試做，甚至小型魚的生魚卵也能製作。

材料

生烏魚卵……350g、鹽麴……35g

做法

1

2

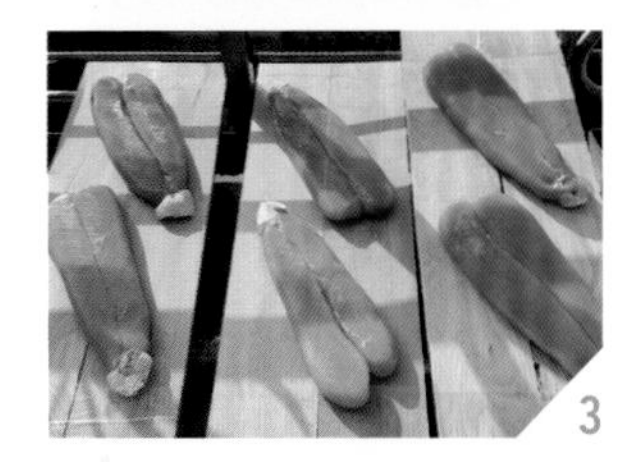

3

4

1- 將處理乾淨的生烏魚卵，兩面上下均勻塗抹鹽麴（切記不可搓揉），裝入密封袋放冰箱冷藏醃漬約1周後，用水洗掉鹽麴後晾乾（卵囊膜很脆弱要小心別弄破）。

2- 將生烏魚卵一一鋪放在杉木板上，上面放置另一塊同樣大小的杉木板稍微重壓，使其定型。

3- 第二天把杉木板拿開，放置戶外吹風日曬、記得半天要翻面一次，晚上收回；觀察烏魚子形狀，並稍微整型定型，再繼續壓，如此重覆壓曬約3～4日即成。

4- 若是陰天，可放在家裡吹電風扇，平均大約4～5天即可收成。製作完成的烏魚子，以手指按壓測其硬度，會感覺稍微有點彈力。切忌過度日曬，口感會變得太硬。

5- 傳統烏魚子多以燒烤、油炸或酒煮三種方式料理，食用的時候切片，再佐以白蘿蔔片、蒜苗絲、蘋果片一同入口。這裡提供簡單的烹調法：用餐巾紙沾米酒，將烏魚子兩面包覆（弄濕），放入平底鍋內，用小火兩面翻烤至餐巾紙稍微有點焦黃，即可取出切片（切法有「平躺切」或「立切／斜切」）食用。

○ 生烏魚卵和鹽麴的醃漬黃金比例為10：1。要注意以鹽麴醃漬烏魚子時，因鹽麴所含蛋白分解酵素，讓卵膜變得比較薄，清洗時要格外小心，以免破裂。

○ 在100年前臺灣製作烏魚子，業者多是用珍貴的紅檜木板，現今大多使用含大量甲醛疑慮的三夾板，建議可用杉木來取代。

○ 醃漬過程當中，若魚卵破裂，一般都是補上「網紗油」（臺語bāng-se-iû，意即豬的橫膈膜，位於豬肚與胰臟之間的網狀油脂，大多用來製作「雞卷」）。現今可用保鮮膜來替代，尤其信奉伊斯蘭教的人，不能吃用網紗油補過的烏魚子，因此用保鮮膜修補較為適當。

私房獨家

甘酒鹽麴冰

夏日炎炎，吃冰是一大樂事！不過，如果這個冰吃起來甜甜鹹鹹的，又是怎樣的滋味？我將近來非常夯的甘酒和鹽麴（酒釀也很適合）結合在一起，製作成新奇好吃的冰球或冰棒，沁涼滋味真不錯，這個夏天，換換新口味吧！

材料

A 甘酒 ……200g、鹽麴 ……20g、冷開水 ……100g
B 酒釀 ……200g、鹽麴 ……20g、冷開水 ……100g
C 酒釀 ……200g、穀盛紅麴料理醬 ……8g、冷開水 ……10g
D 甘酒 ……200g、穀盛紅麴料理醬 ……8g、冷開水 ……10g

做法

1- 材料A的甘酒、鹽麴和冷開水的分量比例為10：1：5，將三者混合拌勻。

2- 材料B的酒釀、鹽麴和冷開水的分量比例為10：1：5，將三者混合拌勻。

3- 材料C的酒釀、紅麴料理醬和冷開水的分量比例為100：4：5，將三者混合拌勻。

4- 材料D的甘酒、紅麴料理醬和冷開水的分量比例為100：4：5，將三者混合拌勻。

5- 將做法❶、❷、❸、❹放入各式製冰塊（或冰棒）模具中，放冷凍庫冰凍成型，即可脫模享用。

嘉生式料理小訣竅

＊做法❷和❸加了酒釀的冰棒（塊），含有少量酒精，故對酒類過敏者及小孩子，建議使用不含酒精的酒釀來製作。

＊做法❸和❹加了紅麴料理醬，做成粉紅色冰棒（塊），不僅顏色好看，吃起來口感也很特別。

味噌醃蘿蔔

醃漬好的味噌蘿蔔，是極好下酒菜，也是稱職的前菜小碟。先以食鹽醃製，並用重石壓一晚上，將蘿蔔多餘水分排出；接著再用白味噌和醇米霖營造出甘甜中帶點微鹹的絕妙滋味！

從味噌與醇米霖混合醃醬中取出的乾式蘿蔔味噌。

嘉生式料理小訣竅

＊右頁食譜的做法屬於「濕式」，另外還有一種「乾式」做法：用白蘿蔔重量的2%為食鹽分量，均勻搓揉白蘿蔔，重石壓一天，放到戶外日曬2～3天(或是利用燻桶直接將蘿蔔燻至微軟可彎曲的程度、水洗、晾乾)，埋入味噌和醇米霖混合（1：1）的醬料或是米糠漬中冷藏醃漬即成。

清洗乾淨之後的乾式蘿蔔味噌，可以食用了。

材料

白蘿蔔……600g、食鹽……12g
穀盛有機白味噌……175g、穀盛醇米霖……175g

做法

1- 白蘿蔔洗淨後切成寬4～5公分、厚2公分的長條狀，秤重備用。

2- 將食鹽平均塗抹於白蘿蔔條，均勻搓揉（食鹽的分量為蘿蔔重量的2%）。

3- 將做法❶的蘿蔔置於醃漬桶內，以壓重石或裝水寶特瓶重壓一個晚上。

4- 白味噌、醇米霖的添加分量為壓置一晚白蘿蔔重量約1/2即可。舉例：如果做法❸重石壓一個晚上的白蘿蔔條第二天秤重為350g，那麼白味噌、醇米霖的份量各為175g。將白味噌和醇米霖一起混合拌勻成醬料備用。

5- 取一醃漬密封容器，做法4的醬料先鋪在容器底部，再鋪上做法❸的白蘿蔔條，再淋上一層醬料，如此重覆一層一層加上去，最上層再淋上醬料。

6- 做法❺最後鋪上保鮮膜並整平，放入冰箱冷藏醃漬約1個月，即可取出洗淨後食用。

3

5

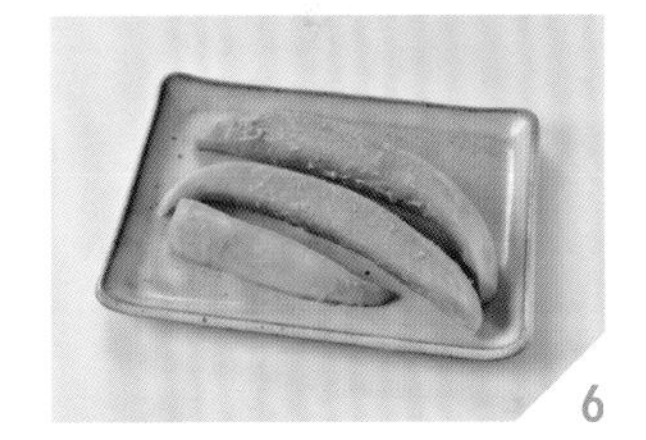
6

○ 為了防止做法❸壓重時鹽水會溢出，可在醃漬桶外，套上一層大塑膠袋，或是將醃漬桶放在大水盆內，防止鹽水溢出弄髒地板。
○ 應用：如果家中沒有「壓重石」怎麼辦？可以用空寶特瓶裝水來替代重石；需注意寶特瓶裝水後的總重量必須為蘿蔔重量的4、5倍（日本食譜書大都為2倍左右，那是因為其食鹽使用分量為15%～20%，本道食鹽僅用2%，因此重量必須加重）。
○ 做法❸壓重石約3小時，必須再翻攪一次，這樣鹽分才能平均滲透於白蘿蔔，滲出鹽水之後方能造就蘿蔔爽脆的口感。

黃芥末茄子味噌漬

味噌烤茄子，是一道常見且易做的茄子家常料理，如果不是用烤製的，而是用醃漬的，並且邀請黃芥末（Mustard）來「助攻」，味道又如何？這道料理會超乎想像的美味，讓人一口接一口停不了嘴！適合成為冰箱常備料理的基本咖。

材料

臺灣長茄……257g、食鹽……5g、黃芥末粉……4g
穀盛有機白味噌……51g、白糖……32g、穀盛糯米酢……12.8g
穀盛醇米霖……12.8g

做法

1- 長茄秤重後，切成約1.5～2公分厚的片狀（也可依個人喜好決定厚薄），放入調理盆。

2- 使用大約茄子重量2%的食鹽分量，加入搓揉、醃製茄子並以重石重壓一晚，使其盡快出水。

3- 調製芥末（又名「洋芥子」）：取黃芥末粉重量2倍的冷開水，加入攪拌均勻成為「黃芥末醬」備用。

4- 將做法❸的黃芥末醬、做法❷鹽醃重壓出水的茄子、白味噌、白糖、糯米酢、醇米霖一起充分攪拌均勻，放入保鮮盒內，密封冷藏冰箱1週至入味，取出即可食用。

4

此芥末非彼芥末

本道食譜使用的黃芥末，並不是日本料理壽司店的綠色芥末（山葵）！超市販售的日式綠色芥末，是以辣根（Horse Radish或稱西洋山葵）粉，是加上人工黃色及藍色色素一起調製而成。
真正的芥末醬是黃色的，而不是綠色的，源於中國周代宮廷內使用，後流傳於民間。它是芥菜的種子，中文稱為芥子，芥子磨成粉，成為芥末粉。一般有淺黃、黑色及褐色，以及特別黃的東方芥子（Orientl Mustard）。

- 建議使用臺灣產長茄，日本圓茄皮較厚實，製作出的成品咬感不好。
- 做法❷以食鹽醃製重壓後的茄子，約失水50%，重量約為128g，以其40%分量估算，味噌的使用量為51g，黃芥末粉3%為4g，白糖25%為32g，糯米酢10%為12.8g，醇米霖10%為12.8g。
- 做法❹若醃漬過久（2～3個月），注意茄子顏色會變黑，還是盡早食用或與人分享較佳，將會發現：原來臺灣長茄也可以變得如此美味！
- 若覺得黃芥末辣些，可斟酌減量；若使用市面販售的西式芥末醬，則糯米酢的分量必須減少。
- 也可以使用鹽麴替代味噌，成為「鹽麴芥末茄子」，鹽麴的使用分量為茄子重量的40%，其餘食材分量比例如下：食鹽2%、芥末2%、白糖25%、糯米酢8%、醇米霖8%。

鹽麴大蒜味噌

這是一道非常適合醃製肉品的調味佐醬。無論是豬五花肉片、里肌肉或雞腿排，在烹調前置作業先用鹽麴大蒜味噌醃製至少一晚，隔天取出，入油鍋拌炒或煎烤，無需其他多餘調味，就很好吃！

材料

大蒜 ……50g
橄欖油 ……50g
鹽麴 ……50g
穀盛熟藏濃野味噌或清川味噌 ……50g

做法

1- 大蒜剝小瓣去蒂頭、去皮膜後，依個人喜好大小切成小蒜塊或蒜丁。

2- 取一平底鍋，冷鍋加入橄欖油，續入蒜丁，用中火慢慢加熱，至大蒜香氣溢出，顏色稍呈金黃色，此時熄火，再加入鹽麴、味噌攪拌均勻即成。

嘉生式料理小訣竅

* 大蒜、橄欖油、鹽麴與味噌的分量黃金比例為1：1：1：1。
* 建議也可以用麻油、花生油來替代橄欖油，會有意想不到的香氣。

蒜泥白味噌抹醬

味噌，可以說是萬能調味醬，加點巧思將蒜泥和味噌「配對」之後製成抹醬，抹在吐司、麵包上，或是全麥餅乾，成為及時可食的餐宴小食，或是小朋友放學後的小點心。

材料

大蒜 ……60g
穀盛有機白味噌 ……200g
穀盛醇米霖 ……100g
橄欖油或奶油 ……20g

做法

1- 大蒜剝小瓣去蒂頭、去皮膜後，切成小丁（蒜末）或磨成泥狀備用。
2- 白味噌和醇米霖一起攪拌均勻備用。
3- 冷鍋入油，用中火燒熱，再下蒜末用中小火拌炒至焦黃，再倒入做法❷的混合醬料攪拌均勻即成。

嘉生式料理小訣竅

＊做法❸烹調時，切忌用大火拌炒，容易讓成品焦化，並產生苦味。

1

番薯味噌

營養均衡的番薯，又名甘薯、地瓜。猶記小時候家中製作味噌，小孩必須幫忙削地瓜皮去做味噌；長大後曾問過父親為何製味噌會添加地瓜，父親說當時若缺米會用地瓜替代。誰能想到今日地瓜搖身一變成為當紅的健康養生食品之一！

材料

番薯（地瓜）……300g
食鹽……30g
穀盛熟藏清川味噌或熟藏濃野味噌……100g

做法

1- 建議初次嘗試的人，可以先將地瓜去皮後蒸熟，搗成泥狀，秤重。

2- 計算地瓜泥重量的10%～11%為食鹽使用分量，將食鹽與地瓜泥一起混合揉捻均勻。

3- 做法❷再與市售的味噌成品（依個人喜好斟酌使用分量，可挑選未經殺菌的味噌）混合均勻，熟成1～2個月即可製成顏色鮮艷的番薯味噌。

＊備註：若是不加市售味噌，想要從頭做起時，則必須將米麴30g、黃豆40g、鹽8g之比例，加入熟地瓜10g中一起醱酵2～3個月。

嘉生式料理小訣竅

＊建議使用台農57號（肉色金黃）或是66號地瓜（肉色橙紅）， 所做出來的味噌顏色會更漂亮！

味噌佛手柑

味噌竟然也可以拿來醃漬佛手柑（非佛手瓜）？有吃過嗎？日本友人來臺灣，發現佛手柑的特殊香氣，回日本後竟嘗試用味噌來醃漬，品嘗之後滋味絕妙！一定要與大家分享日本友人的創意下酒菜（小菜）食譜。

材料

佛手柑 ……600g
穀盛有機白味噌 ……150g
穀盛有機米味噌 ……150g
穀盛醇米霖 ……150g

做法

1- 將佛手柑洗淨對切成半，放入沸騰開水中煮2分鐘殺菁。

2- 將做法❶殺菁的佛手柑撈起、瀝乾水分，晾至全乾；準備一醃漬容器，洗淨消毒備用。

3- 將白味噌、米味噌與醇米霖放入調理盆內，混合攪拌均勻，成為醃漬醬料。

4- 先將醃漬容器的底部鋪上一層做法❸的混合醬料，再鋪上佛手柑，如此一層層重覆，最上層要鋪混合醬料，再用保鮮膜覆蓋，整平，封蓋，放入冰箱冷藏醃漬1年後，即可取出食用。

馬祖野蒜佐味噌

在日本稱野蒜為のびる（Nobiru）。幾年前曾在滋賀縣草津市一家料亭吃到野蒜料理，回臺後一查，發現只有馬祖野地生長，當地人稱為「麥蔥」、「野蔥」，多用來炒蛋，非常脆口好吃！這回使用味噌及醇米霖調成蘸醬，直接蘸食更能嘗到野蒜風味！

材料

馬祖野蒜……150g
穀盛有機白味噌……25g
穀盛醇米霖……25g

做法

1- 將馬祖野蒜去除球莖底部的根鬚（也可不去除，根鬚洗淨油炸味道更香），摘去綠色莖葉（綠色莖葉切細後加入蛋中打勻，可做炒蛋或玉子燒），留下白色細莖及球莖部位，清洗之後晾乾備用。

2- 白味噌與醇米霖的分量比例為1：1，將兩者混合攪拌均勻，成為蘸醬，即可以野蒜沾食。

○ 野蒜產季為元宵過後、清明之前，學名叫「薤白」。自古即為藥食兼具的食材，中醫認為其具降血脂、抗動脈粥狀硬化功效，因此被視為「天然護心藥」。一般在馬祖地區，野蒜多拿來蘸醬、炒蛋或做成麥蔥餅。野蒜的口感，介於青蒜與青蔥之間，質地沒有青蒜般爽脆，但也不到青蔥的細嫩，不過所含硫化物的蔥味香辣更勝尋常的青蔥。

味噌冬瓜醬

市面上的冬瓜醬為了長久保存，很多在製作時用了大約20%～25%大量的食鹽，以達到防腐效果，但這樣會過鹹，不利健康，何不自己動手做！一般冬瓜醬多使用豆麴，從來沒有人用味噌來取代豆麴，這回公開做法，大家可以試做看看。

材料

冬瓜……10kg、食鹽……800g、穀盛熟藏濃野味噌……825g、穀盛醇米霖……825g

做法

1- 冬瓜去皮、去瓤和籽，切成長約7～8公分塊狀或圈狀，先在大太陽下連續曝曬1～2天（每天記得翻面2～3次）。

2- 計算曬好冬瓜總重量8%的食鹽分量，將其均勻塗抹在冬瓜塊上，再用重石壓一晚去除水分，第二天進行日曬。

3- 將做法❷去水分的冬瓜塊，一一鋪排於竹簍並曝曬在太陽底下，每天翻面2～3次，連續曬個3～4天，晚上再壓重石。

4- 將曬好的冬瓜秤重，如果是10公斤重的冬瓜，鹽漬、曝曬之後的重量大約剩下1/6（約1.65kg），那麼味噌和醇米霖的分量為曝曬後冬瓜重量的1/2，各為825g；先將味噌和醇米霖混合均勻備用。

5- 取一消毒過的玻璃瓶，底部塗抹一層做法❹的混合醬料，再將做法3曬好的冬瓜平鋪在其上，重覆此步驟，一層層鋪放，最上層必須是味噌米霖混合醬料。

6- 最後覆上保鮮膜，整平，封蓋，放置於陰涼處，約過6～8個月，即可開瓶取出應用，煮雞湯是不錯的選擇，醬汁拿來蒸魚也很棒！

○ 一般冬瓜醬都是加鹽、加豆麴、加甘草、加米酒，尤其在都市中好的豆麴不易買到，有點麻煩啊！照我的配方用味噌和醇米霖就可以搞定，呈現自然甘醇的風味，亮眼色澤的外觀，比起市售商品，有過之而無不及。

嘉生式味噌湯

豚汁（とんじる Tonjiru）料理中非常有名的「五花肉蔬菜味噌湯」，融合了五花肉片的油花與根莖蔬菜的鮮甜，再加上因熟成而濃郁的味噌香氣，在日本是很受歡迎的家常湯品，臺灣家庭的餐桌上不太看到，倒是常見較普通的豆腐味噌湯。

材料

洋蔥 ……20g
胡蘿蔔 ……10g
白蘿蔔 ……20g
油（喜歡的食用油）……10g
五花肉片 ……80g
高湯 ……200g
穀盛熟藏濃野或清川味噌 ……20g
柴魚片 ……1小包

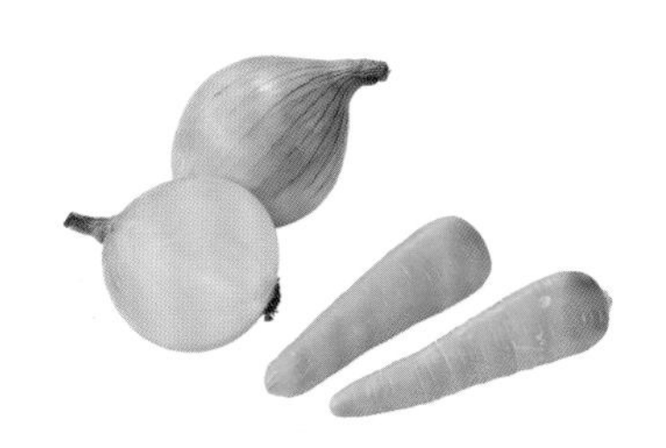

做法

1- 洋蔥去皮後逆紋（受熱後質地會更柔軟）切粗絲；胡蘿蔔去皮後切成半圓形片狀；白蘿蔔削皮後切成薄圓片再一切4片狀備用。

2- 取一平底鍋以小火燒熱，入油，將做法❶蘿蔔片、洋蔥絲放入拌炒至食材軟化，再放入五花肉片拌炒，續倒高湯煮開。

3- 取做法❷煮好的湯汁100g，與味噌一起充分攪拌均勻，再倒回鍋中略煮（不需要煮到沸騰），起鍋前放點柴魚片即成。

嘉生式料理小訣竅

＊好喝的味噌湯，其實可用「沖泡」方式完成，尤其只有一、二人喝的時候更可以這樣做，但前提是必須使用品質好且經熟成的味噌；一般臺製市售味噌熟成多不足，不適合用沖泡方式。做法是將味噌放入湯碗中，以熱開水沖泡，待蕈狀雲出現即可食用。

○ 味噌也有清香味與濃厚味的區別，穀盛濃野味噌屬濃厚味型，清川味噌屬清香味型，可依個人喜好自我選擇。

○ 為什麼臺灣家庭製作的味噌湯，會愈煮愈鹹？日本人大多只煮當天食用的分量，而臺灣家庭多煮一大鍋，不僅愈煮愈鹹、香氣也煮不見了。一般人不曾仔細觀察：味噌湯若一直煮，煮久水分持續蒸發，而鹽分濃度卻愈來愈高，因此喝起來感覺愈來愈鹹。

米糠漬

近來臺灣也流行自製米糠漬，大家玩得不亦樂乎！自古米糠床便是日本女性嫁妝之一，據聞有的傳承了兩百多年；米糠床的管理因此變得非常重要。有三要點須遵循：適度的攪拌、適合醱酵的溫度、注意水分含量。雖然耗費心力，但自己照顧的米糠漬有了成果，還是很有成就感。

材料

初漬（米糠床）材料：

米糠…300g、食鹽…24g、冷開水…300g、胡蘿蔔…50g、昆布…12g、蘋果…50g

本漬材料：

小黃瓜…2條、胡蘿蔔…1條、白蘿蔔…1/2條

茄子…1條或其他自己喜好的蔬果各適量，可自由搭配

做法

1- 準備一方型不銹鋼保鮮盒，放入米糠，加入米糠總重之8%分量的24g食鹽，冷開水300g分次小量倒入，攪拌均勻。

2- 胡蘿蔔切半圓片、昆布切長段、蘋果切片，一起放入做法❶中攪拌均勻。

3- 做法❷覆蓋保鮮膜（與米糠貼平，減少空氣接觸），常溫放置3～4天，此步驟為「初漬」。

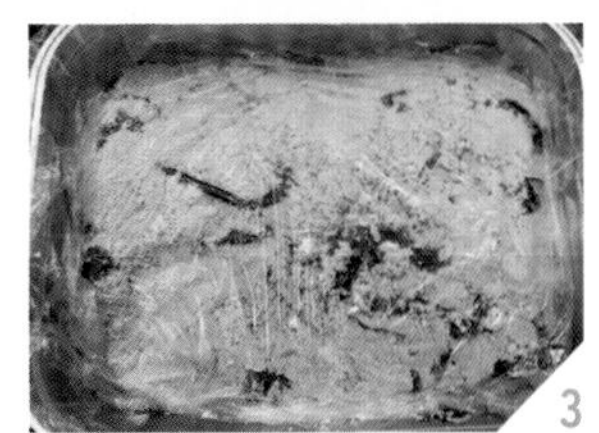

4- 經過3～4天醃漬，稍微聞得到酸味，即可進入「本漬」階段（將原先的胡蘿蔔、昆布等食材取出）。

5- 將小黃瓜、兩種蘿蔔、茄子洗淨後拭乾水分，切成條狀，埋入米糠床中，覆蓋保鮮膜，封蓋，入冰箱冷藏醃漬（也可常溫醃漬）。

6- 做法❺的醃漬蔬果每隔2～3天即可取出，將米糠以冷開水清洗乾淨。

7- 將做法❻各切成片狀，即可上桌食用。

如果發現醃漬中的米糠床邊緣出水，可用餐巾紙吸去水分。

- 胡蘿蔔、蘋果及昆布，是讓乳酸菌有「食物」可以吃（培養乳酸菌），以供給乳酸醱酵。
- 米糠床平時如何養護？如果放常溫醃漬，可每天以上下翻攪的方式攪拌一次，攪拌之後手壓糠床讓多餘空氣排出，防止氧化；若是放冰箱冷藏醃漬，約3～4天攪拌一次即可。
- 手工自製的米糠漬成果太酸怎麼辦？可以加醇米霖做調整，太鹹也是加醇米霖調整。如果發現米糠漬出現臭味，是酪酸醱酵，那表示你的做法有缺失，可以將表面白色菌膜刮除，再補充新鮮的米糠及食鹽，務必在表面鋪上保鮮膜來阻隔空氣，防止酪酸菌的產生。
- 秋田的名產──いぶりがっこ（煙燻大根），適合下酒及配飯食用，其製程是先將蘿蔔放在太陽下曝曬至軟（曬到可以彎曲的程度），再吊在合掌屋內的樑木下，利用圍爐（いろり Irori）的煙燻作用，繼續讓蘿蔔乾燥、上色，接著取下洗淨後晾乾，再放入米糠床中醃漬即成。如果在家裡自製，可以用加糖的煙燻法來製作。

紫漬茄子

日語的「漬物」，就是我們所說的泡菜。日本有名的漬物，當屬京都三大漬物：使用聖護院蕪菁（かぶ Kabu）的「千枚漬（千枚漬け）」、蕪菁變種的「酸莖（すぐき）」，以及「しば漬（紫葉漬、柴漬）」，三者皆為乳酸醱酵產品。紫蘇葉漬主要釀出自然的酸味（乳酸醱酵所致）與優雅的紫紅色（紫蘇葉所致）。在古代，只有貴族可以享用。

材料

茄子 ……300g、薑片 ……30g
紫蘇葉 ……45g、食鹽 ……6g

做法

1- 將茄子不去皮，斜刀切成約3～4公分長的片狀；薑去皮後切斜薄片，皆放入調理盤內。

2- 將洗淨瀝乾的紫蘇葉、食鹽平均撒在茄片、薑片上，拌勻搓揉，放入夾鏈袋中（將空氣擠出）。

3- 做法❷放冰箱醃漬約3～4日（夏日），便會呈現微酸且非常漂亮的紫紅色。

○ 以茄子重量為基數，取茄重的15%為紫蘇的分量；茄重的2%為食鹽的使用分量。
○ 近年流行補充益生菌來保健養生，殊不知植物界的乳酸醱酵食品，也如同泡菜、酸菜等一樣，有保健養生的效果；同時，對乳品過敏的人來說，植物性的乳酸醱酵食品也是一大福音。

嘉生式料理小訣竅

＊紫蘇挑選葉子很紅的較好，臺灣種植的紫蘇葉子沒有日本種出來的紅。
＊如果覺得成品太酸，可加少許醇米霖調整風味。
＊紫漬茄子成品擠掉水分後，可以當內餡拿來包飯糰，別有一番風味！

梅仕事三品

日本導演是枝裕和2015年執導的電影《海街日記》，其中有一幕三姊妹和同父異母的小妹一起採摘梅子製作梅酢、梅酒的畫面，看到這裡，我也想到每年都會自製梅酢、梅酒，做所謂的「梅仕事」（Ume shigoto）；「梅仕事」是指梅子季節一到，人們會製作梅酢等與醃漬梅子相關的事物。臺灣的梅子產季多在3月下旬至5月中旬，日本比臺灣大約晚一個多月。

梅漬酢（酢梅）

材料

7～8分熟青梅……600g、特砂（或是穀盛醇米霖……600g
穀盛陳年酢（用玄米酢更佳）……600g

做法

1- 用竹籤去除青梅的蒂頭（注意不要戳到表面），清洗乾淨，用布巾仔細擦乾後晾乾；晾乾梅子這個步驟不可省略，晾乾才不易發霉。

2- 將用來醃漬的玻璃密封罐以酒精消毒並擦乾；陳年酢或玄米酢加熱至70℃備用。

3- 將梅子倒入玻璃密封罐約八分滿，再倒入加熱的陳年酢或玄米酢。

4- 玻璃罐蓋上蓋子，浸泡約10個月，即可稀釋後加特砂（也可不加）飲用。

玻璃罐中是已醃大約10個月的酢梅。

○ 酢梅的製作，需使用7～8分熟採收的青梅，外觀呈淡黃或是黃色，聞起來有香氣；若是用青梅直接醃漬，顏色則會呈現黑色。

○ 製作梅酢切記不要使用銅鍋和鋁鍋：尤其酸度愈高的水果，與銅鍋、鋁鍋接觸加熱之後所釋放的重金屬毒素愈多。

○ 梅子、陳年酢或玄米酢的醃漬分量比例為1：1。做法❸倒入加熱的陳年酢或玄米酢，用意在於讓梅子浸泡醃製過程不容易發霉。

○ 此梅酢做法亦可使用其他水果，像是蘋果，製作成蘋果酢。

○ 建議醃漬時先不要放糖，如此可避免加糖醃漬時醃漬罐經常發生的爆瓶問題。糖可以在浸漬完成之後要飲用時才加。如果家族中有糖尿病患者，可依個人需求、甜度喜好斟酌，一物有兩種吃法！皆大歡喜！

醃梅

材料

7～8分熟梅子（胭脂梅比黃梅香氣更濃郁）……4070g、食鹽……80g

做法

1- 用竹籤去除梅子的蒂頭（注意不要戳到表面），清洗乾淨，用布巾擦乾。

2- 用梅子總重量4070g的2%為食鹽使用分量，仔細搓揉梅子，放入醃漬容器內，用重石壓1～2天。

3- 做法❶取出後，其重量大約為3219g，再日曬5天左右，即為「醃梅」。

○ 坊間教做醃梅的配方，在做法❶用食鹽搓揉這一過程，所使用的食鹽分量比例高達15%～20%，這不符合健康需求，我改良之後使用「低鹽淺漬法」，用2%比例的食鹽即可，不過重石的壓重必須達到梅子重量的4～5倍。

烏梅

材料

醃梅……850g、穀盛醇米霖……170g
穀盛有機玄米酢……1500g

做法

1- 在太陽底下日曬5天的醃梅，其重量約剩下850g。

2- 計算做法❶醃梅重量的2倍等於1700g，醇米霖的使用分量為1700g的10%，等於170g。將醇米霖即玄米酢事先混合成糖液備用。

3- 取一醃漬容器，將曬好的850g醃梅放入，倒入醇米霖與玄米酢混合糖液，封蓋，浸泡半年，此時的重量為1953g，而其浸泡液成為「梅子酢」。

4- 將做法❷泡半年的梅子取出鋪放在竹簍上，置於大太陽底下曬2～3天（重量剩下約860g），再放入已消毒玻璃罐中封蓋保存一年以上，即為烏梅。

○ 外觀是黑色的烏梅，吃起來生津止渴，而其製作時產生的浸泡液，也可當成梅子酢，可加冷開水調製成「梅子酢飲」，放入冰箱冷藏，冰冰的喝，非常解渴！

○ 若有紫紅色的紫蘇葉，可以將其洗淨、晾乾，加2%食鹽搓揉，將產生的苦水去除，再把紫蘇葉子鋪在容器的表面，與酢液混合，第二天即可看到鮮紅的汁液。

楊梅漬酢

楊梅果為球型核果，表面囊狀突起，吃起來柔軟可口且多汁，每年5～6月是產季。桃園市楊梅區舊名「楊梅壢」，客語裡「壢」指的是「坑谷」，清領時期客家移民到此看到山野盡是野生楊梅樹，因此稱為楊梅壢。楊梅除了吃採摘的鮮果，也可做成酸酸甜甜的酢漬小食。

材料

楊梅……200g、穀盛糯米酢……200g
穀盛醇米霖……200g

做法

1- 楊梅洗淨後瀝乾備用；糯米酢加熱至70℃。

2- 取一已消毒的醃漬玻璃容器，將做法1晾乾的楊梅放入，倒入加熱好的糯米酢。

3- 將做法❷續入醇米霖，醃漬2～3個月即成。

○ 做法❷醃漬時倒入加熱好的糯米熱酢，可以殺死水果表皮的雜菌，讓浸泡液表面不易產生白色菌膜，且醃漬玻璃容器不容易因雜菌產生氣體而爆瓶。

○ 醃漬完後取出楊梅，再加糖去熬煮、晾乾，即成美味的「楊梅蜜餞」。

嘉生式料理小訣竅

＊楊梅、糯米酢、醇米霖的分量比例為1：1：1。

醃嫩薑（酢薑）

「冬吃蘿蔔夏吃薑，不勞醫生開藥方」。嫩薑的迷人之處，在於纖維沒有老薑多，質地鮮嫩，水分充足，尤其有淡淡的薑香，帶點微辣，醃漬食用，酸酸、甜甜、鹹鹹的滋味，在炎熱夏天享用最開胃。

材料

嫩薑……1000g、食鹽……35g、穀盛糯米酢……100g、穀盛醇米霖……100g、二砂……230g

做法

1- 去除嫩薑老化表皮，清洗乾淨並晾乾。

2- 將嫩薑切成長型之薄片，約0.1～0.5公分厚（可依個人喜好可自行增減厚度）。

3- 鍋入水煮沸，加入少許糯米酢，再將切好的嫩薑放入滾水中汆燙約1分鐘。

4- 撈出薑片後加食鹽35g均勻攪拌，靜置約30分鐘，再以紗布將多餘水分擰乾（瀝乾）。

5- 做法❹加入糯米酢、醇米霖、二砂攪拌均勻（以嫩薑重量為基數，醇米霖分量為嫩薑重量的10%，糯米酢為10%、食鹽為3.5%、二砂為23%），裝入玻璃密封罐中，入冰箱醃製1星期。

6- 將醃好的酢薑嘗一下口感，若酸、甜、鹹不足時，則自行加入調味料調整口味。

為什麼？原來如此！

○ 嫩薑仔就是一般竹仔薑的嫩芽。嫩薑的切片厚薄度拿捏，取決於喜歡的口感，要吃軟一點的切薄點，吃脆一點的切厚些。也可以加入少許昆布醃漬，口感更鮮美。

○ 雖然糯米酢與醇米霖1:1比例混合調製，但如果覺得嘗起來太酸可減少糯米酢，若太甜減少醇米霖分量即可。

筍寮吊筍

麻竹筍不去殼，水煮後穿吊風乾，是往昔筍工上山挖筍子，就地取（食）材，快要失傳的吊筍做法（頭部纖維較粗部位也可食用）。在交通不發達的年代，靠山吃山，筍寮裏的風乾吊筍，是最棒的乳酸醱酵製品。偶然機會得以請教一位朋友如何製作，以下分享實驗後「重現江湖」的做法。

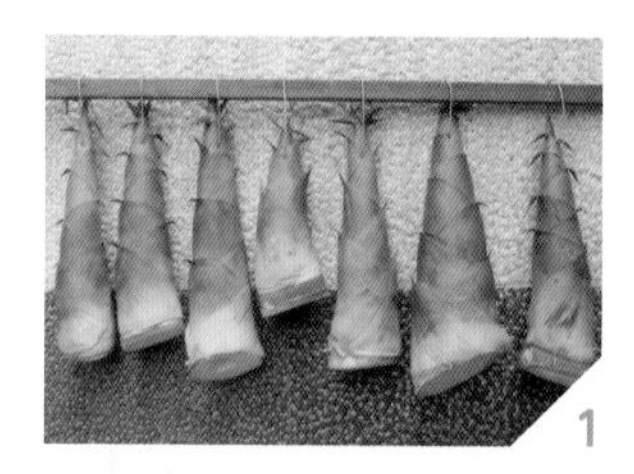

1

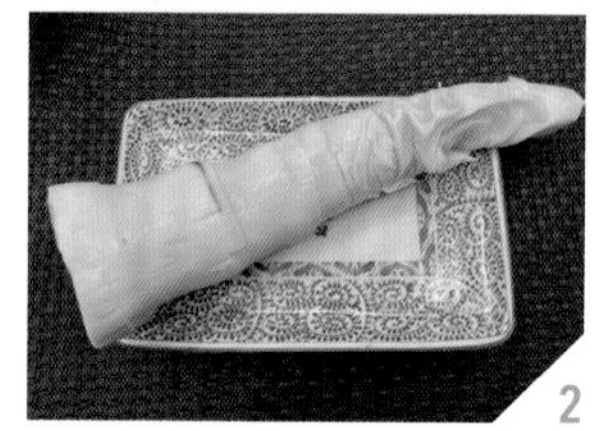

2

材料

麻竹筍 ……5～7支

做法

1- 麻竹筍不去殼，直接以水煮熟後，在筍子尖端處以不銹鋼鐵絲穿過，等距懸掛於竿子上，置於像是屋簷下等通風良好之處，吊掛約1週（5～7天），讓其自然乳酸醱酵。

2- 待做法❶風乾的麻竹筍出現酸酸的香氣，即可收起來，將筍殼剝下，冷藏保存。

3- 要食用時，可以取出切塊或切片，像我個人喜歡用五花肉片、穀盛壽喜燒醬一起炒製，滋味甚佳。

○ 為什麼做法❶的麻竹筍初期製作時不剝殼？原來筍子的外殼一正一反包覆生長，連結頭部纖維較老較粗大的部位，形成一個類似密封的容器，在密封狀態下，進行厭氧的乳酸醱酵，如此製作出來的吊筍口感，極為綿密，比一般的筍絲更細緻。

酸筍

吊筍、筍絲與酸筍，我認為是臺灣竹筍加工應用的三大特色，政府必須積極重視，使其發揚光大。在眾多加工筍製食品中，比起筍絲製作的「厚工」，吊筍、酸筍的製作較為簡單，尤其酸筍更易完成，值得大家嘗試。

1

2

材料

麻竹筍 ……1～2支

做法

1. 麻竹筍去殼後，取其綠色鮮嫩部分切圈狀，再切成薄片，放入容器中，加生水浸泡，上面覆蓋保鮮膜，或是用同樣大小的醃製桶壓住，以阻絕空氣。
2. 醃約2～3天，生水會慢慢呈現白濁狀態，這是乳酸醱酵起了作用，呈現微微的酸味。
3. 嗅聞一下，若感覺生水有出現異味，再將水倒掉，再加入清水繼續浸泡，直到呈現酸味。
4. 做法❸成品擰乾、去除水分，放入冰箱冷藏即可。

○ 日本的研究學者發現，竹子的竹節之間含有大量的乳酸菌，而且是耐熱性的乳酸菌！所以即使麻竹筍在大鍋中長時間沸煮之後，還能存在著大量的乳酸菌！

嘉生式料理小訣竅

＊做法❶切片時，切得愈細口感愈好。
＊做法❸擰出來的酸汁，也可以拿來煮湯，非常好喝。

醃芥藍菜

醃芥藍菜或是小芥菜，有個很美麗的名字，叫做「雪裡紅」。以雪裡紅炒製的家常菜有「雪菜百頁」、「雪菜炒豆干肉絲」、「雪菜肉包」等簡單易做的料理。不過，因為市售的雪裡紅很多都是工業化大量生產添加防腐劑，吃起來總感覺有藥水味，不如自己動作做，美味又安心。

材料

芥藍菜（或小芥菜）……1000g、食鹽 ……20～30g

做法

1. 將新鮮芥藍菜（或小芥菜）置於大太陽底下日曬1～2天，收起備用。
2. 以芥藍菜或小芥菜重量的2～3%，換算使用食鹽的分量，將食鹽均勻抹於芥藍菜或小芥菜搓揉之後。
3. 以重石（或同重之裝水寶特瓶）重壓其上，醃漬約2～3週至酸味出現（乳酸醱酵）即成。

為什麼？原來如此！

○ 如有需要，也可以在醃漬前添加0.2～0.5%的薑黃粉或黃梔子粉在食鹽中拌勻，再撒在芥藍菜或小芥菜上醃漬，色澤會變得很美喔！

醃越瓜

越瓜耐熱、耐濕、抗病力強，對農民來說是極好種植的瓜果，但缺點是含水量多不耐存放，因此多將其進行醃製做成加工食品，像是醃漬久一點的陳年「醃瓜脯」，或是像本道食譜稍稍醃漬幾天，就可以拿來切段、切片或切丁之後，搭配肉絲或清炒，或煮成排骨湯也很不錯。

材料

越瓜……300g、食鹽……6g

做法

1. 將越瓜洗淨後，去頭去尾，對切剖半，瓜囊去籽之後，秤重。
2. 計算越瓜重量之2%為食鹽使用分量，均勻塗抹搓揉越瓜。
3. 以越瓜秤重之4～5倍重為重石（或用裝水等重寶特瓶）重量，重壓越瓜，以去除水分。
4. 將做法3醃漬2～3天，即可取出應用。

為什麼？原來如此！

- 如要更增添風味，可以添加味噌或是鹽麴等一起醃漬。
- 若是準備酒粕、糖、米酒混合均勻，將上述醃漬好的越瓜放入酒粕混合物醃漬，反覆浸泡二次（第一次為初漬，醃2～3個月，接著同樣配方再醃一次），就是日本的奈良漬。

醃酸白菜

我一直認為「醃酸白菜」是極佳的醃漬食材，每個家庭應該必備！它可以是直接食用的泡菜，適合拿來煮湯增添湯品的風味，也可以是炒菜、炒肉的最佳調味夥伴，尤其搭配肉類一起烹煮，更可以去油解膩！

材料

山東大白菜……1200g、食鹽……36g

做法

1. 將山東大白菜從根部掰開，切成4等分，日曬1～2天。
2. 以大白菜重量的3%，換算使用食鹽的分量，均勻將食鹽抹於白菜各葉面，以重石（或等重之裝水寶特瓶）重壓於大白菜上。
3. 醃漬約20～30天至酸味出現（乳酸醱酵，依氣溫、天候決定成果），即可應用於酸菜白肉涮涮鍋、酸白菜炒牛肉肉絲、酸白菜水餃等料理上。

澎湖烏崁洪家宗祠的高麗菜酸

提到酸白菜，想到澎湖烏崁的名產「高麗菜酸」，其醃漬法和酸白菜一樣。多年前朋友曾帶我在烏崁的洪家宗祠參觀，看到宗祠內曬至半乾（曬2天）的高麗菜，正準備下缸、壓重，進行醃製。

「酸高麗菜」與「高麗菜酸」，這兩個名詞用臺語唸唸，感覺很不同，從字面上來看，酸高麗菜好像已經很酸的感覺，高麗菜酸則是乳酸醱酵產生了酸，我總覺得後者比較有畫面和意境！尤其是冬天的高麗菜最為好吃，製成「高麗菜酸」，我稱其為「高麗菜霜」（臺語發音亦近似），兼具製法與意境兩個層次。

在澎湖烏崁洪家宗祠前，與洪氏宗親合影。

曬至半乾的高麗菜。

醃製過程中的下缸、壓重。

添加番薯簽乾（澱粉可提供微生物的營養來源）。

- 在醃的過程中，也可加一些米粥或是糖來促進醱酵。
- 在臺灣有人製作酸白菜，會在剖半之後，用滾熱鹽水汆燙一下，好讓鹽分可以容易滲入。
- 我曾於七、八年前在合歡山看過路邊小販將酸白菜曬乾的葉子，一片一片（10元）捲起來當成冬菜販售，酸白菜經過日曬後會有意想不到的香氣，建議大家試試。
- 坊間很多酸白菜有加入冰醋酸（由石油人工提煉而來）來泡製，我懷疑用冰醋酸讓其酸化，變得只有強烈刺激的酸味，而不是乳酸柔和的酸！

醃酸白蘿蔔

我曾在嘉義東市場傳統的醬菜店裡發現「醃酸白蘿蔔」這道醃漬食品，當場請教店東如何醃漬，並欣喜地買一些回家品嘗，研究醃漬最佳比重，以下食譜提供給讀者們參考試做。

材料

白蘿蔔 ……300g、食鹽9g

做法

1- 將白蘿蔔切去蒂頭與尾部，不去皮仔細刷洗髒污與泥土，整條沖洗乾淨，放入調理盆。

2- 以白蘿蔔重量的3%，換算使用食鹽的分量，均勻將食鹽抹於白蘿蔔表面，以重石重壓，醃漬2～3天至酸味出現（乳酸醱酵）即可食用。

3- 可放夾鏈袋中，入冰箱冷藏保存3～4週，冬天則可保存1～2個月。

○ 裝水寶特瓶用來替代壓重的「重石」，要注意寶特瓶裝水後的總重量必須為白蘿蔔重量的4、5倍。

○ 酸白蘿蔔類似日本的ずんき漬（Zunnki Tsuki），酸白蘿蔔的酸，也是經過乳酸醱酵所產生的乳酸；可惜我們對於自己日常生活中所出現的醃漬「寶物」，沒有給予足夠的關注，無法發揚光大。

嘉生式料理小訣竅

＊蘿蔔洗淨後，要用重物壓乾水分，才會呈現脆度。

＊醃好的酸白蘿蔔，可以直接切片配飯食用，或是泡水去除一些鹽分接著切末炒蛋、煎蛋，滋味也不錯！大家可以用醃酸白蘿蔔為主題，發想其他具有創意的烹調法，書寫精采的食譜。

梅乾菜

1

2

3

4

5

芥菜，日本稱之為「高菜（Takana）」。在醃製初期顏色由綠轉黃、出現酸味；中期酸度較為溫和；到了後期成為完全乾燥的梅乾菜，與五花肉片一起料理成「梅乾扣肉」，鹹香甘醇的風韻，完全是時間醞釀而成的魔法！

芥菜 ……300g、食鹽 ……9g

做法

1- 芥菜洗淨後瀝乾水，直接鋪放在竹蓆上，日曬一整天。

2- 計算芥菜總重量之3%為食鹽使用分量。取一醃製桶，先在底部撒上一層食鹽，再鋪放一層芥菜，均勻撒上食鹽使其軟化，重覆動作至芥菜全部鋪完，最上層須覆蓋一層食鹽，並以塑膠布覆蓋。

3- 以芥菜秤重之4～5倍重為重石（或用裝水等重寶特瓶）重量，重壓芥菜至出水，醃製大約2個月（期間不動芥菜）。

4- 做法❸醃至顏色由綠轉黃，聞到酸味之香氣，此時稱之為「鹹菜」或「酸菜」；在戶外架起竹竿或竹片，直接曬至全乾即成「梅乾菜」。

5- 將做法❹曬好的梅乾菜捲成束狀保存；若是將曬至半乾的梅乾菜塞入細長空瓶中繼續存放（塞得愈緊愈扎實愈不會發霉），客家人稱之為「福菜」。

嘉生式料理小訣竅

＊若有米粥或酒粕，也可以加入鹽水混合均勻，再倒入醃漬桶中一起發酵，香氣更足！

煙燻紅麴香腸

用紅麴料理醬添加於香腸肉餡中，無添加任何人工色素及防腐劑；紫紅色澤較紅糟更艷麗、入口滑溜無顆粒（不會有顏色深淺不一的問題），且微酸帶甘醇味、氣味芳香撲鼻，最重要的是，具有抗腐敗特質，非常適合用來製作香腸與火腿。

臺灣特有

嘉生式料理小訣竅

＊要食用的時候，先將香腸蒸熟之後，再放入烤箱或平底鍋小火慢烤、慢煎一下，風味更佳，切片即可享用。

＊存放：紅麴香腸成品必須冷凍保存。

材料

A 胛心肉……6000g、食鹽……120g
充填漏斗……1副、腸衣、棉繩
B 特砂……540g、穀盛醇米霖……240g
穀盛紅麴料理醬……300g、穀盛糯米酢……126g
桂皮粉……18g、白胡椒粉……18g

做法

1. 胛心肉切成小丁狀，放入食物調理機內絞成碎絞肉狀，加食鹽均勻攪拌，反覆揉搓至出現黏性。
2. 做法❶放入調理盆內，將材料B的調味料混合加入，攪拌均勻，入冰箱靜置一晚，使其入味。
3. 腸衣套在漏斗口，將做法❷的香腸內餡灌入腸衣中，等距15～20公分綁上棉繩。
4. 準備一汽油桶，架好香腸，先用木炭低溫慢火烘乾（早上11:40～下午5:00），溫度控制在70℃以下，次日再加櫻花木或蘋果木屑燻烤即成，嚴禁日曬。

3

- 以胛心肉重量6000g為基數，各食材的分量百分比如下：食鹽2%、特砂9%、醇米霖4%、紅麴料理醬5%、糯米酢2%、桂皮粉0.3%、白胡椒粉0.3%。
- 腸衣灌好香腸餡，綁上棉繩，切記勿使用紅色塑膠繩，容易斷裂。
- 以往手工香腸多置於室外直接晾曬，容易酸敗。
- 做法❹為什麼嚴禁日曬？那是因為紅麴不耐日光直射或日光燈照射，容易褪色。
- 做法❹如果沒辦法用木炭烘烤，也可以使用家庭烤箱，香腸放在烘焙紙上，以上下火200℃烤約20分鐘（烤箱事先預熱）；如果也沒有烤箱，可直接用電鍋蒸熟。

小故事 紅麴料理醬是怎麼誕生的？

本來穀盛是沒有生產紅糟、紅麴醬的，二十多年前日本的一家貿易公司代表前來找我們想要購買大批紅糟，我說這個東西中國生產很多且又便宜，為何不去對岸購買？一問之下對方才告知：因為當年中國生產紅糟的公司環境不太好，瓶裝商標上沾有油漬，有衛生疑慮，因此想請託我們生產。我靈機一動，覺得這商機可以把握。多年前也常常至對岸參訪及學術交流，發現中國著重於將紅麴應用在降血壓、降膽固醇等保健產業。因此我們決定自己選菌種、自己研究製麴過程，所以有了全臺第一瓶「紅麴料理醬」。曾有師傅告我，使用穀盛的紅麴料理醬來醃肉或滷五花肉，那烹調出來的的滷肉色澤紅潤，看起來令人食指大動！我想那是因為紅麴菌與肉類的蛋白質巧妙結合之後，所產生的美妙色澤與滋味。偷偷告訴讀者一個秘密，很多餐廳，會在烹調過程中加入穀盛的紅麴醬，這樣所滷煮的肉類才不會愈煮愈黑！

紅麴叉燒肉

港式燒臘店販售的蜜汁叉燒飯，那好吃的叉燒飯是怎麼烹調出來的？據說老師傅的秘訣是「一醃二煎三烤」，我建議用「一醃二烤」再加上紅麴料理醬、醇米霖這兩樣秘密武器，既添香又增色，口感一級棒！

材料

A 梅花肉 ……460g

B 穀盛紅麴料理醬 ……46g、穀盛醇米霖 ……23g
統萬醬油 ……8g、穀盛糯米酢 ……5g
白糖 ……20g、福壽蔥香油 ……8g

做法

1- 梅花肉整塊放入調理盆內，用叉子在肉面上插孔，使醬汁容易滲入肉中。

2- 做法❶續入混合拌勻的材料B調味醬汁平均塗抹，放冰箱冷藏醃2～3天，中途需翻面讓醬汁均勻滲入。

3- 烤箱先預熱，將做法❷醃好的梅花肉用鋁箔紙包裹，放入烤箱以上下火200℃烤大約20分鐘。

4- 打開烤箱及鋁箔紙，用毛刷沾些醇米霖均勻刷在梅花肉表面，翻面，再入烤箱續烤10～15分鐘，即可取出切片享用。

1

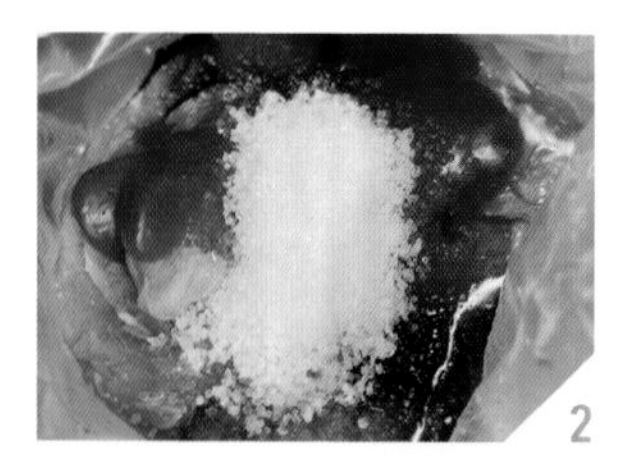
2

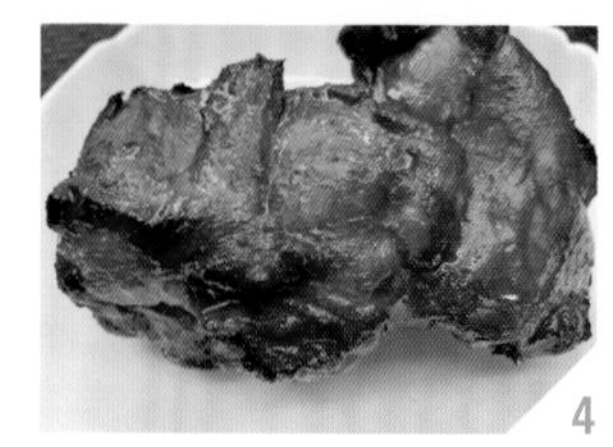
4

○ 以梅花肉重量460g為基數，各搭配食材的分量百分比如下：紅麴料理醬10%、醇米霖5%、醬油1.7%、糯米酢1%、白糖4.5%、福壽蔥香油1.7%。

神奇紅麴滷鴨蛋

私房獨家

鴨蛋比雞蛋來得大，蛋味較濃，適合做成滷蛋，口感香Q有彈性。如果碰到雞蛋短缺時，不妨使用鴨蛋，山不轉路轉！用醇米霖取代一般常使用的冰糖，加紅麴料理醬來添色，烹調出這一道超好吃的滷鴨蛋。

材料

A 鴨蛋……19個（約1240g）
食鹽……3g
穀盛糯米酢……5g

B 統萬醬油……95g
（或用丸莊醬油……85g）
穀盛醇米霖……140g
水……80g
大紅袍花椒……1g
八角……1g
穀盛紅麴料理醬……10g

做法

1- 取一深鍋放入鴨蛋，加入冷水淹過鴨蛋，再加一點食鹽或酢，開中火煮約10～15分鐘，邊煮邊攪動鴨蛋，讓蛋殼內的蛋黃盡量保持居中。

2- 將做法❶煮好的水煮鴨蛋，放入冷水中冷卻、剝殼備用。

3- 另取一深鍋，放入做法❷的鴨蛋，加上B的滷汁材料，先開大火煮至沸騰，再轉小火煮30分鐘，熄火，蓋鍋燜一下。

4- 待做法❸放涼之後，連滷汁一起入冰箱冷藏大約1天，即可食用。

3

○ 從冰箱取出的鴨蛋，記得要放在室溫下回溫，減少加熱過程中蛋殼因溫差大而導致破裂。

○ 為什麼不用醬油膏、素蠔油來滷鴨（雞）蛋？因為一般市售的醬油膏、素蠔油，所含醬油大約只有30%～40%；醬油膏、素蠔油添加了糯米粉或玉米粉或地瓜粉，砂糖或麥芽糖來增稠，增加成本，不划算，建議單純使用釀造醬油即可。

櫻花壽司

臺灣特有

在落櫻繽紛的櫻花樹下，品嘗著應景淡粉紅色的櫻花壽司，也算是風雅一回了。櫻花色彩要如何調製？關鍵就在紅麴料理醬。

材料

穀盛壽司酢 ……35g
穀盛紅麴料理醬 ……12g
熱米飯 ……300g
海苔
瓢乾3條約 ……15g（做法→P177）
日式煎蛋（玉子燒做法→P118）……160g
竹簾

做法

1- 先將壽司酢和紅麴料理醬充分攪拌均勻。
2- 煮好的米飯趁熱一邊攪拌一邊加入做法❶拌勻，使米飯呈現櫻花般的淡粉紅色。
3- 攪拌至米飯稍涼微溫時，即可將壽司酢飯平鋪於海苔片上約3分之2處。
4- 隨後將瓢乾條與煎蛋鋪於壽司酢飯中段處。
5- 利用竹簾將海苔連同壽司酢飯捲起包緊，分切成段，即可享用。

○ 要製成一條壽司，大約需要170～180g的米飯，再加12g紅麴料理醬拌勻，即成櫻花壽司。
○ 搭配食材除了玉子燒、瓢乾之外，也可以加入小黃瓜條，只是需注意小黃瓜條不耐久放，且遇酸容易出水，僅供當天食用；若一定要使用，建議小黃瓜中心的籽必須去除。
○ 拌壽司飯必須使用熱飯，才會吸收壽司酢，切忌用冷飯。

紅麴米糕

非常受到大眾歡迎的「酒香桂圓米糕」，是許多人記憶中的古早味，又香又Q彈，溫潤的口感，讓人停不了口。加了紅麴料理醬一起蒸製，粉嫩的色彩，在春暖花開的賞櫻季節時享用，更有一番風味！

材料

糯米 ……300g、米酒 ……30g
龍眼乾（桂圓）……40g、水 ……300g
穀盛紅麴料理醬 ……30g、白糖 ……66g

做法

1- 取一調理盆放入糯米，加水淹過糯米，前一天先泡水備用。

2- 先用米酒浸泡龍眼乾（也可加金桔乾一起）至飽滿吸收狀態，取出切碎備用。

3- 將糯米、水300g、紅麴料理醬、龍眼乾（金桔乾）碎放入電鍋內鍋，外鍋加2杯水蒸約25～30分鐘至熟。

4- 取出，趁熱加入白糖攪拌均勻（冷了糖溶化不了），盛入不銹鋼方皿容器中，整平、放涼後切塊即可食用。

- 以米酒浸泡龍眼乾時，也可以加入15g金桔乾（餅）一起浸泡（金桔乾不要加太多，會苦），烹煮後風味更佳。使用米酒浸泡龍眼乾，除了增添香氣之外，還具有防腐作用。
- 中國在蒸製米糕方面，多使用紅棗；韓國除了用紅棗之外，另外會添加枸杞，並使用肉桂條（將肉桂條加水煮出汁液，並加入紅糖、切成長絲的紅棗、松子、枸杞、栗子、麻油、醬油）；臺灣除了桂圓乾，也有人加枸杞或是葡萄乾。亦可依個人喜好加點肉桂粉來增香。

嘉生式料理小訣竅

＊若將紅麴米糕切塊後，沾裹麵衣入鍋油炸，成品將有意想不到的美味效果，令人驚豔！

紅麴豆枝

臺灣特有

市售便當或捲壽司常可見到一絲絲紅通通的「豆枝」，吃起來甘甘甜甜；但不少人不敢吃，因為怕吃到含有人工色素的豆枝。何不自己動手做？用天然的紅麴料理醬就可以了！另一種常見的配菜「豆棗」也適用下列食譜做法。

材料

A 乾豆枝……190g
（也可用乾豆棗）

B 穀盛紅麴料理醬……78g
穀盛醇米霖……53g
穀盛糯米酢……8g
白砂糖……23g
水……150g

做法

1- 將乾燥豆枝入鍋，加水煮開，撈起擰乾水分備用；材料B的調味醬汁先行拌勻備用。

2- 取一平底鍋，加入做法❶處理好的食材，以小火慢炒至收汁，即可完成天然紅色豆枝。

○ 以乾豆枝（豆棗）重量190g為基數，各搭配食材的分量百分比如下：紅麴料理醬41%、醇米霖28%、糯米酢4%、白砂糖12%。

嘉生式料理小訣竅

＊建議可加些肉桂粉增加香氣；喜好麻辣味的人，也可以加些辣椒粉或花椒粉。

＊也可將白砂糖替換成釀造醬油，製作成鹹的紅麴豆枝（或豆棗）。

紅麴酒釀饅頭（蒸烤兩式）

私房獨家

我經常凌晨兩點多揉好麵團，四點多去陽明山洗溫泉，回家時麵團已經第一次醱酵好，再揉一次麵團並分割整型；此時帶狗去散步，回來時二次醱酵已完成，可以進行蒸製。突發奇想：醱酵好的饅頭麵團若用烤箱烘烤，或是醱酵好的麵包麵團用電鍋蒸，結果會如何？期待讀者們可以發揮實驗精神，分享成果。

材料

中筋麵粉……300g、穀盛紅麴料理醬……15g、乾燥酵母粉……3g
穀盛甜酒釀……80g或白糖……30g（加酒釀時不要加糖）
冷水……195g（若有加酒釀時水改為103g）
追粉……17g/9g（共同得生麵團513g，分割後每個約70～73g）

做法

1- 取一調理盆，加入中筋麵粉300g，將紅麴料理醬、乾燥酵母粉、甜酒釀或白糖加在麵粉上，攪拌均勻。

2- 將冷水分次慢慢倒入做法❶中，以粗筷子攪拌至充分吸收，直到快攪不動為止。

3- 取一調理墊放置桌面（或將桌面清理乾淨），撒些麵粉於桌面，將做法❷的麵團放在桌面慢慢用手搓揉，感覺黏手時加少許（17g）麵粉（即為「追粉」），揉至不黏手為止，此時麵團表面呈現稍有光澤的狀態（猶如嬰兒屁股一般光滑）。

4- 將揉好的麵團放入調理盆，覆蓋濕布（但濕布不要碰到麵團），放入保溫箱，大約2小時（夏天）麵團會醱酵膨脹至2倍大。

5- 取出做法❹麵團放桌上，進行第二次追粉（9g），搓揉麵團，秤重、分切成等分，整型之後放置於蒸紙或葉面上二次醱酵。

6- 做法❺放入電鍋，外鍋加2杯水，蒸25分鐘至熟，取出、放涼，即可分裝或食用。

7- 也可以將做法❺的麵團，用烤箱來烘烤，變成「酒釀紅麴麵包（餅）」，烤箱溫度為上下火200℃，烤前要先預熱。

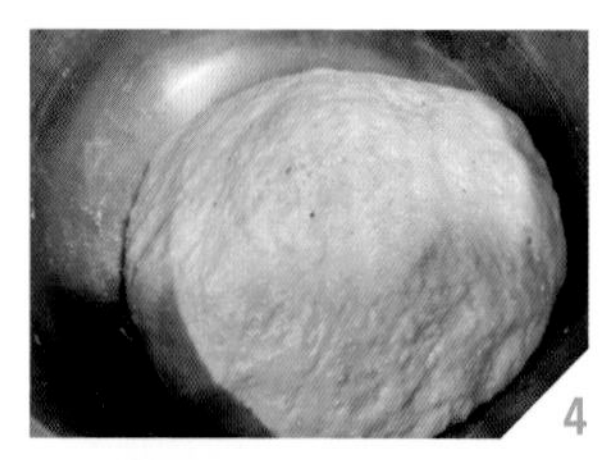
4

5

6

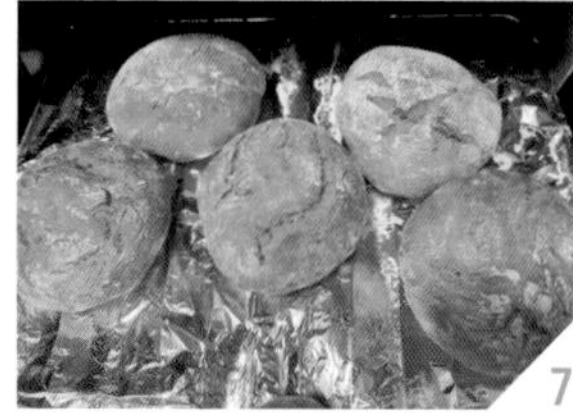
7

冷知識通

天然的尚好！以木灰水代替鹼水

近來流行老麵饅頭。我曾問過老師傅老麵若發過頭怎麼救？他回答我：加鹼水。這個回答令我驚訝！吃的東西摻了化學物，這樣好嗎？很多吃的事物會有迷思，原因是我們不明所以。其實，老麵發過頭，放冷藏庫讓其減緩醱酵（降酸）即可！若是真要加鹼水，不要加化學的，可以加天然的「木灰水」（以乾燥稻草燒成灰再過濾即成）。
這種木灰水也可以拿來做好吃的鹼粽，每年的端午節我都會用木灰水來製作鹼粽。其實，日本鹿兒島的名產「あくまき（Akumaki）灰巻」，據說也是由中國流傳而來，當地超市或線上網購都可以買到；反觀臺灣，用天然的木灰水所製作的鹼粽愈來愈少，幾乎已在市面上絕跡了。

- 酒釀的使用分量為中筋麵粉重量的26%，其餘食材分量比例如下：水34%、乾燥酵母粉1%、紅麴料理醬5%。
- 做法❺若沒有蒸紙或烘焙紙來做底襯，也可找包肉粽的粽葉或月桃葉來替代，防止沾黏。

烤好的酒釀紅麴麵包（餅），可塗抹蒜泥白味噌醬或果醬食用。

辣韮兩式（味噌、壽司醋）

我在淡水廠區有一小塊地種植著辣韮，每年3～5月盛產期時，採收辣韮醃製開胃小菜，也是忙裡偷閒的樂事。辣韮又稱為蕗蕎（雲南稱為蕎頭，蕗蕎為日文音譯而來），帶有強烈的辛辣味，這回我用兩種方法醃漬，各有千秋。

材料

辣韮……230g、食鹽……5g、穀盛有機白味噌……150g
穀盛壽司酢……150g

自己種植的辣韮採收了。

做法

1- 將採收的辣韮洗去泥沙，切除莖葉與尾端根部。

2- 計算辣韮總重量230g之2%為食鹽使用分量，均勻塗抹辣韮。

3- 以辣韮秤重之4～5倍重為重石（或用裝水等重寶特瓶）重量，重壓辣韮，去除水分。

4- 醃至第二天倒掉苦水，換泡清水，此時辣韮的皮膜會脫落，晾乾或擦乾水分，秤重約為150g。

5- 用味噌醃辣韮的分量比例為1；1（壽司酢也是同比例），放冰箱冷藏醃漬2～3個月即成。

○ 如果要讓成品顏色漂亮，更有賣相，可以在加入壽司酢醃漬時，加入紅色的紫蘇葉一起醃漬，即可得到紫紅色的辣韮；若是想要黃色的辣韮，可以加入咖哩粉或黃梔子；日本業者也有用紅葡萄酒來醃漬，醃漬出酒紅色辣韮。

酒釀梅子

這次的酒釀梅子，使用的是胭脂梅，其香氣十足，熟成很快。酒釀梅子製作非常簡單，僅使用酒釀即可醃製，是很快上手的漬物料理，適合新手學習試做。

材料

7～8分熟的胭脂梅……700g、穀盛甜酒釀……700g

做法

1- 胭脂梅去除蒂頭後，洗淨，鋪放在篩子上，放置戶外風乾。

2- 消毒好的醃漬容器放入甜酒釀（與梅子的比例為1：1），將做法❶的胭脂梅乾放入，封蓋，常溫之下約醃半年即成。

3- 在醃製期間，大約1個月要攪拌一次。

1

○ 先將胭脂梅放至7～8分熟，香氣十足時再使用。不建議使用黃梅，香氣較弱。

○ 也可以使用鹽麴和醇米霖來醃「鹽麴梅子」，我的配方是胭脂梅1900g、鹽麴1000g、醇米霖300g，後續方法如同酒釀梅子。

嘉生式料理小訣竅

＊今年（2023年5月）我先用2%食鹽搓揉梅子，待其稍有鹽味，再加以醃漬，口感會更佳！

稻草納豆

不鼓勵讀者們自己製作稻草納豆！第一，只靠枯稻草裡面「稻草桿菌」來釀酵，容易釀酵不均；其次，普通稻草多含農藥，無汙染有機稻草不易取得；第三，稻草若沒有像日本業者用高溫殺菌過（日本政府嚴格規定，製作納豆的稻稈必須經過高壓滅菌，因為稻草堆易窩藏老鼠等動物糞便），可能導致沙門桿菌汙染。不過，本著科學實驗精神證實稻草裡有稻草桿菌可成功製作納豆，自己試做，也會發現很多「眉角」。

材料

殺菌過的有機稻草 ……1束
煮熟的熱黃豆 ……100g

做法

1- 握住一束稻草，用稻草分別將兩端綁緊。

2- 將綁好的稻草放入蒸籠內，蒸煮30分鐘。

3- 將蒸好的稻草中段部位撥開，充填已煮熟的熱黃豆，包覆好，再用報紙包好。

4- 做法❸放入保溫箱內，進行醱酵一晚至第二天（約16～20小時）即成。

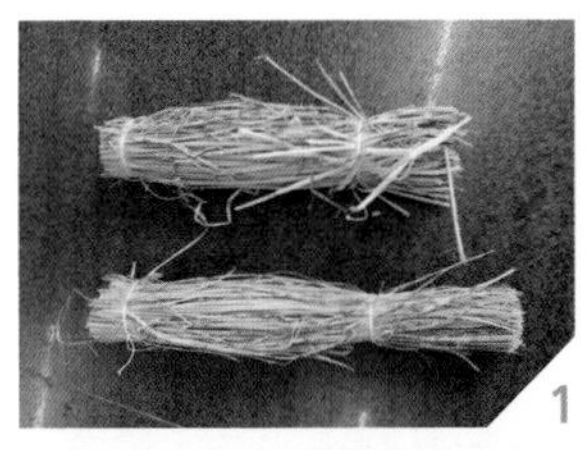

○ 做法❷將稻草拿去蒸製，不僅能殺菌，還可以增加醱酵所需含水量。

○ 如果沒有專業醱酵箱或是保溫箱，可以使用保麗龍箱來替代。

○ 自製的稻草納豆，會發現菌絲沒有一般市售產品多，這表示有醱酵不均的狀況。

很會「牽絲」的市售納豆，圖為工研養生納豆。

嘉生式料理小訣竅

＊市售納豆若不使用附贈的醬包時，可以添加烏酢，就是目前流行的酢納豆。

＊也可以放入豆漿中，再用果汁機攪碎，更是鮮美無比。

＊不敢食用納豆的人，可將納豆與無糖優格混合食用，完全感覺不出納豆的臭味喔。

親子丼

親子丼（親子蓋飯）在日本極為家常，人人愛吃。本道用醇米霖取代砂糖，呈現細膩甜度；料理時務必注意蛋液最後才淋上，如此煮至半熟，呈現軟嫩滑動狀，起鍋淋在熱騰騰白米飯上，雞肉與滑蛋和米飯一撥入口，就是絕妙好滋味！

材料

A 洋蔥 ……40～50g
雞腿肉 ……100～150g
雞蛋 ……2～3個
煮好的熱騰騰白飯 ……1碗（約170g）

B 統萬醬油 ……30g
穀盛醇米霖 ……15g
水 ……60g

3

做法

1- 洋蔥洗淨去皮後剖半，切成薄片；雞腿肉去除多餘油脂，切成適口大小備用。

2- 材料**B**的調味料先行混合均勻；雞蛋去殼，用攪拌棒將蛋液略為攪打備用。

3- 將做法❶洋蔥片鋪放在親子丼鍋中，放上雞腿肉，再加入材料**B**混合醬汁，開中火，加蓋烹煮。

4- 待洋蔥燜煮至軟、雞腿肉煮熟、醬汁也煮至起泡時，將蛋液由外往內畫圈淋上（蛋液可分兩次加），蓋鍋燜煮。

5- 做法❹的蛋液煮至半熟狀態，起鍋，將其盛在熱騰騰白飯上，即可食用。

4

5

嘉生式料理小訣竅

＊製作親子丼，蛋液必須足夠才會好吃！一人份最少要用2個蛋，3個不算多，分量剛剛好。

手作飯糰（四種口味）

常看到日劇裡媽媽手捏飯糰，大人小孩吃得津津有味的畫面。飯糰不難製作，主要是內餡口味多元，這次我搭配佃煮魩仔魚、梅肉鹿尾菜等四種內餡；將做好飯糰放在「薄木片（經木）」上，充滿日式風情的儀式感就此重現！

1

2

3

材料

A 熱白飯：

165g大飯糰／120g小飯糰
海苔片（正方形對切使用，1個飯糰使用1片）
薄木片（經木Kyougi）……1片

B 飯糰內餡每個分量：

佃煮魩仔魚……12g
去籽醃梅果肉……10g
梅肉鹿尾菜……10g
紫漬薑味茄子小黃瓜……10g

做法

1. 手掌稍微沾些酢水或鹽水，用兩掌平均搓揉，再取適當分量的熱白飯，分別包入各式內餡，以手捏製成飯糰狀。
2. 取一海苔片，包覆飯糰，擺放在薄木片（經木）上。
3. 將包好飯糰的經木綁緊，成為可攜帶的飯糰便當。

飯糰搭配味噌湯，是我最常享用的早餐，簡簡單單，開啟一天活力！

嘉生式料理小訣竅

＊製飯糰之前，雙手必須沾點酢水或鹽水（不可過多）；兩掌平均搓揉，再輕捏熱白飯或飯糰（切忌太用力）。
＊手掌若太乾燥，米飯會黏著雙手，感覺不舒服。

知識通

兼具環保與日式風情的經木

經木（Kyougi）這種薄木片，是非常環保的材質。我小時候的日本壽司店，經常使用經木包覆稻荷壽司或握壽司、海苔卷等壽司，作為外帶的包材。今日在臺灣，當你購買壽司，外帶所使用的包材通常是塑膠盒或紙盒了。現今在日本的材料店還是可以買到經木，臺北的富帆商店也可以買到，但必須一次購買100張／卷，售價約為80、90元，建議可買來試試、體驗一下。

佃煮魩仔魚

材料

A 魩仔魚 ……300g、油 ……25g
花椒粉 ……10g

B 穀盛醇米霖 ……60g
統萬醬油 ……45g
米酒 ……25g
白砂糖 ……25g
穀盛糯米酢 ……12g
穀盛紅麴料理醬 ……10g
水 ……150g

做法

1- 魩仔魚洗淨瀝乾水分；材料**B**全部混合拌勻備用。

2- 取一平底鍋，加入油，再放入魩仔魚，用中小火慢炒至稍微酥脆，加入做法❶調勻的醬汁，先開大火煮沸，再轉中小火慢慢拌炒至收汁。

3- 最後再撒上花椒粉拌勻，起鍋放涼之後，入冰箱冷藏備用。

○ 除了包入三角飯糰當內餡，也可以當成下酒小菜。

○ 同樣的烹調程序，將魩仔魚替換成丁香小魚乾，就成為另一道開胃小品「佃煮丁香小魚乾」。

醃梅

材料

7～8分熟梅子（胭脂梅比黃梅香氣更濃郁）……4070g、食鹽 ……80g

做法

1- 用竹籤去除梅子蒂頭（注意勿戳到表面），洗淨，用布巾擦乾。

2- 用梅子總重量4070g的2%為食鹽使用分量，仔細搓揉梅子，放入醃漬容器內（可加入紫蘇一起醃漬，梅子會呈現鮮紅色澤，非常美麗），用重石壓1～2天。

3- 做法❶取出後，其重量大約為3219g，再日曬5天左右，即為「醃梅」。

梅肉鹿尾菜

材料

A 乾燥鹿尾菜 ……80g、醃梅 ……20g、
熟白芝麻 ……8g

B 穀盛煮友（香菇柴魚露）……128g
穀盛醇米霖 ……83g、穀盛壽司酢 ……55g
水 ……320g

做法

1- 乾燥鹿尾菜洗淨後放入調理盆中，加水蓋過，泡30分鐘，瀝乾水分備用。

2- 將醃梅去籽後的果肉取下，切成小丁。

3- 取鍋放入鹿尾菜、材料**B**的調味醬汁，以大火煮至沸騰，接著轉小火慢慢拌炒至收汁，熄火。

4- 做法❸加入切成小丁的梅肉拌勻，最後撒上熟白芝麻拌勻，增加色彩及香味。

○ 鹿尾菜（ひじき Hijiki）又稱為「羊棲菜」，一種常見海藻，多應用於日本以及韓國料理中前菜。
○ 材料**B**的調味醬汁，水的分量為鹿尾菜重量之4倍。

紫漬薑味茄子小黃瓜

材料

茄子 ……300g、薑片 ……30g
小黃瓜 ……30g、紫蘇 ……45g
食鹽 ……6g

做法

1- 將茄子不去皮，斜刀切成約3～4公分長的片狀；薑去皮後切斜薄片；小黃瓜不去皮，斜刀切片，皆放入調理盤內。

2- 將紫蘇葉、食鹽平均撒在茄片、薑片、小黃瓜片上，拌勻搓揉，放入夾鏈袋中（將空氣擠出）。

3- 做法❷放冰箱醃漬約3～4日（夏天），會呈現微酸且非常漂亮的紫紅色。

嘉生式料理小訣竅

＊小黃瓜也可以更換為茭白筍，依季節替換，食當令。

○ 如果覺得成品太酸，可加少許醇米霖調整風味。
○ 以茄子重量為基數，取茄重的2%為食鹽的分量，15%為紫蘇的使用分量。

蘋果果醬VS.桑椹果醬

蘋果含豐富的抗氧化酚類化合物，可降低心血管疾病，一天一蘋果，醫生遠離我；桑椹，又名「桑葚」，成熟時為紫紅或紫黑色，富含花青素、白藜蘆醇等防癌、抗老化成分。一般市面的果醬，多呈現死甜的口感，可以添加醇米霖以其旨味來改善；而添加釀造酢可具漂白特性、防腐及定色效果。

◆蘋果篇

材料

A 寒天（洋菜）……2～3g
去皮蘋果肉（400g磨成泥；40g切細丁，增加咬感及美觀）

B 白糖……76g、穀盛糯米酢……31g
穀盛醇米霖……53g

做法

1- 將寒天加熱水浸泡，再用小火煮至溶解，保溫備用。

2- 將蘋果泥及蘋果丁放入平底鍋中，用中火煮至沸騰後，將材料B、做法❶的寒天倒入，再用中小火續煮至沸騰。

3- 即可趁熱裝入已經消毒的玻璃罐中，封蓋，倒放待涼即成。

抹麵包是果醬的吃法之一。

◆桑椹篇

材料

A 寒天（洋菜）……2～3g、桑椹……576g

B 二砂……132g、穀盛糯米酢……84g、穀盛醇米霖……168g

做法

1- 將寒天加熱水浸泡，再用小火煮至溶解，保溫備用。

2- 桑椹洗淨瀝乾水分後，放入果汁機內，用「寸動」方式一動一停（不要打成泥狀）攪動，讓果肉呈現半顆粒狀，如此製作好的果醬抹在麵包上，可呈現桑椹的立體感。

3- 將做法❷的果肉放入平底鍋中，用中火煮至沸騰後，將材料B、做法❶的寒天倒入，再用中小火續煮至沸騰。

4- 即可趁熱裝入已消毒的玻璃罐中，封蓋，倒放待涼即成。

•知識通•

四季寶島水果甜蜜封藏

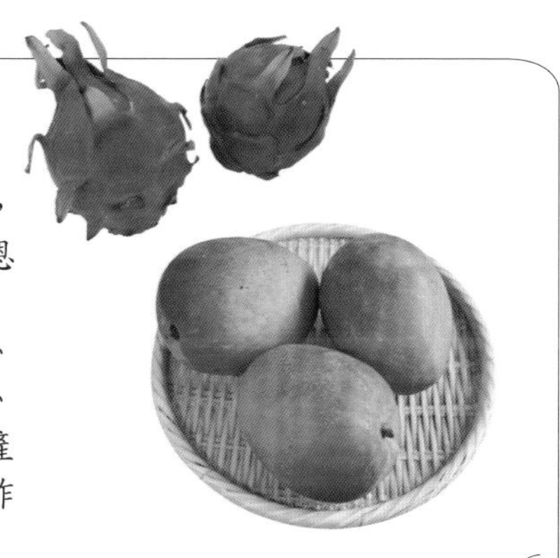

位於亞熱帶地區的臺灣，一年四季出產各類美味水果，豐盛的農作物是大自然和辛勤、擅於種植的農民所恩賜，「水果王國」絕對是臺灣的驕傲！
在地、當令新鮮的最好吃！鳳梨、草莓、葡萄、枇杷、水蜜桃、李子、芒果、梨子、火龍果、百香果、芭樂、檸檬、金棗、茂谷柑等都是具代表性的水果。在盛產期，亦或家裏有多餘的水果時，最好的方法之一是製作成果醬，將風味保存下來。

柑橘蘋果醬

一般果醬製作大多不斷熬煮2～3小時，這是因為不如此做成品容易長霉，況且果肉酸度及甜度不足，才需要長時間熬煮讓水分大量蒸發、果醬甜度、酸度及濃度變高；但長時間熬煮會讓果醬顏色變黑，因此添加白醋（糯米醋或玄米醋）和醇米霖，能達到保色和防腐效果，同時旨味更能柔和糖的重甜。

材料

A 寒天（洋菜）……23g
去籽柑橘（或金桔）……360g
蘋果泥……375g

B 穀盛糯米酢……50g
穀盛醇米霖……45g
白糖……220g、水……206g

做法

1- 將寒天加熱水浸泡，再用小火煮至溶解，保溫備用。

2- 將去籽柑橘（或金桔）放入果汁機內，用「寸動」方式一動一停（不要連續）的攪動，如此方能讓果肉呈現半顆粒狀的立體感。

3- 將做法❷的果肉放入平底鍋中，用中火煮至沸騰之後，再把蘋果泥、材料**B**及做法❶的寒天倒入，用中小火繼續煮至沸騰。

4- 趁熱裝入已消毒的玻璃罐中，封蓋，倒放待涼即成。

○ 製作果醬不要使用銅鍋和鋁鍋：尤其酸度愈高的水果，與銅鍋、鋁鍋接觸加熱之後所釋放的重金屬毒素愈多。

○ 蘋果去皮後磨成泥，在製作果醬當中，扮演「隱味」（かくしあじ Kakushiaji）的角色；隱味，指的是在主食材（柑橘或金桔）之外添加其他食材帶來隱含的味道，有「提味」之意。

特別介紹——佃煮類

始於江戶時期佃島（今之東京中央區）的「佃煮（つくだに Tsukudani）料理」，至今已400年歷史。德川家康感謝戰爭時期大阪佃村的三十多位漁民獻上小魚為糧，助其度過難關，幕府開府後便把佃村漁民安置在江戶，並給予漁業權；為了紀念故鄉佃村，漁民們把家康所賜之地稱為「佃島」。漁民平時將魚貝等海鮮鹽煮後保存起來，後來醬油傳入佃島，便有了醬油煮的佃煮；演變到今日使用醬油、砂糖把小魚、昆布、海菜等食材慢慢熬煮至收汁，成為日本家家戶戶冰箱裡常見的常備菜。掌握訣竅之後多種食材都可以佃煮，比如：魩仔魚、麵筋、牛蒡、乾蘿蔔絲、梅乾菜、高麗菜乾、鹿尾菜、昆布絲……不妨試做看看！

佃煮牛蒡

材料

A 去皮牛蒡……300g、水……300g

B 丸莊醬油……60g
穀盛醇米霖……156g
穀盛糯米酢……30g
穀盛紅麴料理醬……21g
花椒粉……2～3g

做法

1- 牛蒡切成細絲，泡入加了酢的冷水中以免氧化發黑。

2- 取一平底鍋入水300g，將做法❶的牛蒡絲放入鍋內，煮約5～7分鐘至沸騰，再把材料B的調味醬汁拌入，轉中火續煮。

3- 將做法❷煮10分鐘後，轉成小火，繼續一邊煮一邊均勻攪拌以避免牛蒡焦掉，煮至收汁即成。

嘉生式料理小訣竅

＊牛蒡的處理，可使用菜瓜布輕輕刷洗掉外皮，再清洗乾淨即可。

＊喜歡麻辣口味的人，可以添加花椒或辣椒粉，風味更佳。

○ 以牛蒡重量300g為基數，各搭配食材的分量百分比如下：醬油20%、醇米霖52%、糯米酢10%、紅麴料理醬7%。

佃煮麵筋

做法

1- 鍋入材料**A**的水100g煮至滾，放入乾麵筋煮至軟（以去除麵筋的油脂），倒掉熱水。

2- 將做法❶去除油脂後的麵筋，再用冷開水沖洗一遍，並將麵筋水分擰乾，備用。

3- 取鍋放入70g的水，以及做法❷擰乾的麵筋，先開大火煮至沸騰，再加入材料**B**其餘醬汁一起開大火煮沸，再轉中小火慢慢拌煮至收汁即成。

材料

A 水……100g、乾麵筋……74g

B 冷開水……70g
穀盛煮友（香菇柴魚露）……70g
穀盛醇米霖……45g、紅麴料理醬……5g

佃煮乾蘿蔔絲

材料

A 乾蘿蔔絲……70g
乾燥昆布絲……26g

B 穀盛煮友（香菇柴魚露）……146g
穀盛醇米霖……105g
穀盛糯米酢……40g、水……300g

做法

1- 乾蘿蔔絲用溫水泡開，擰乾水分，切成約4～5公分長段備用。

2- 將乾燥昆布絲放入碗中，加水蓋過，泡30分鐘備用（浸泡水加入鍋內勿丟棄，因為此汁中含有天然的味素成分）。

3- 取鍋放入蘿蔔絲、昆布絲及浸泡水、材料**B**的調味醬汁，以大火煮至沸騰，接著轉小火慢慢拌炒至收汁即成。

嘉生式料理小訣竅

＊昆布絲也可以用鹿尾菜來替代，又是另一番風味！

日式米霖瓢乾

材料

A 瓢乾 ……176g
水 ……2000g
食鹽 ……18g

B 統萬醬油 ……117g
穀盛醇米霖 ……134g
穀盛糯米酢 ……50g
二砂 ……128g

做法

1- 將瓢乾切成約18公分長段，此為適合卷壽司（巻き寿司 Makisushi）的長度。

2- 鍋入水2000g，放入切成長段的瓢乾、以瓢乾重量的10%為食鹽分量18g加入水中，先浸泡30分鐘至1小時，讓其吸足水分，再用大火煮至沸騰後熄火。

3- 將做法❷的水倒掉，另外加水再清洗一次，將瓢乾中的二氧化硫（漂白劑）洗掉，以免加調味醬汁煮的時候會有刺鼻臭味。

4- 做法❸清洗的時候，先用手慢慢搓揉將瓢乾洗乾淨，之後換水靜置，將瓢乾泡開。

5- 將做法❹泡好的瓢乾，擰乾水分，放入平底鍋中，將材料**B**入鍋一起大火煮開後，轉中小火煮至收汁，放涼後的日式瓢乾，拿來當小菜或是卷壽司都很不錯！

○ 做法❷的瓢乾泡水吸足水分後，重量約為685g，以此重量為基準，各搭配食材的比例如下：醬油17%、醇米霖20%、糯米酢7%、二砂18.6%。

○ 需盡量使用未用硫磺燻過的瓢乾，因為燻過硫磺的瓢乾，雖然顏色較為純白，也很漂亮，但是用水煮開之後的臭味很嗆，讓人不舒服。

嘉生式料理小訣竅

＊做法❷的瓢乾在煮的時候，部分瓢乾會呈現半透明狀，可先將其撈起，其餘呈白色的瓢乾繼續煮至半透明狀，放涼（或沖一下冷水），擰乾，秤重備用。

致臺灣醱酵釀造，
老派歐吉桑所寫的一本情書

隨著年齡的增長，會對文化資產的復原愈來愈感興趣。在日本，有許多名人對於祖先所留下來的紀念性物質，花費許多精力與財力來復舊、復原與保存，因此造就今天日本的文化資產價值豐富的成果，這種不遺餘力傳承文化的精神，令人激賞、也讓人非常的感動。

我因為出身醱酵釀造家族，所學的也是釀造，因此長久以來，總想貢獻一己之力，為臺灣的醱酵釀造做些什麼。多年以前，曾有出版社找我出書，當時我認為我還沒準備好；如今諸事水到渠成，再加上年歲愈大，愈想留下可以傳承的文化資產，書寫本書，於是成為我這個老派歐吉桑愛臺灣的第一步！這一本，是寫給臺灣醱酵釀造的情書。

無盡的感謝——恩師、貴人與家人

本書的付梓，要特別感謝求學時的恩師與業界的貴人適時相助：近藤典生教授、湯淺浩史教授、柳田藤治教授、小泉幸道教授及小泉武夫教授等業師傳道與教誨；父親的日本同學大久保 實先生、マルカン酢先代笹田左衛門老會長及社長笹田泰夫、長野縣上田市的武田味噌（株）武田社長及六川功一先生、九州大分縣フントキン味噌的故會長小手川先生。沒有他們的授業與協助，我無法順利進入醱酵釀造這個行業。其次，感謝父母親的栽培，兄長的厚愛與容忍，另一半無怨無悔的支持，以及日本東京農業大學諸多同窗的鼓勵，才能放飛天馬行空的我，自由自在做自己想做的事（無論是經營事業的理念或是方針，也包括完成本書）。

這本書一定有不足或是謬誤之處，尤其是日治時代醱酵與釀造的資料，雖然我已盡可能查證文獻，若有疏失，還望各界不吝指正。本書著重在醱酵料理，用意是希望引起同好的關注，進而產生互動良好的共鳴，讓大家一起來為美麗的寶島，開發出更多、更優質的醱酵食品！

因為隨便而失去文化，因為講究而產生文化

我也希望能藉著文末的「後記」，再次提醒讀者「文化」的重要性，尤其是醱酵文化的形成與傳承，更需特別關注「因為隨便而失去文化，因為講究而產生文化！」這兩句座右銘。這是我多年來觀察臺灣整體社會文化後，仔細剖析所得到的感想。

這種「隨便」、「清彩（tshìn-tshái，不講究、馬馬虎虎之意）」的行事風格，往往阻礙了臺灣各個面向的進步。可惜的是，大多數的人似乎可以「容忍」這樣的個性（或態度），或者覺得只要無傷大雅，倒也無妨，鮮少人認真看待這種處事風格最後招致不良結果的影響性。

許多時候，因為人們行事「隨便」而失去很多可以保存、傳承文化的機會；相反地，如果能在做事時再「頂真」（tíng-tsin，意指做事認真細心不馬虎）一點，更多時候反而能因為「講究」了細節與真相，進而產生可以流傳或保存的文化。「水有源，樹有根」，文化也有其淵源，文化一旦與土地（在地）連結扎根時，每一寸根都蘊藏不同智慧，扎得越深，獲得也愈多。

以諾微信 Innovation ！創新需要大眾認同

我們在講究文化之時，還要留意一個習慣，那就是「熟悉」這兩個字。熟悉，有時候反而是一種累贅！因為太熟悉了，很多事「理所當然」的照舊執行，反倒不會想改變，也不容易去創新，這樣常會失

去許多改進的機會。

既然提到了創新（Innovation）這個詞，請容我玩一玩諧音的有趣遊戲。Innovation，可以用小時候背英文的土方法，故意用閩南語來死記，「伊攏 be 信」，意即「認同的人」；但也可以用諧音來念，「伊攏免信」，意指「不認同的人」。問題來了，創新，是否成功，端賴認同你創新的人是否大於不認同的人。

拿餐飲來舉例，創新的飲食、食品，必須要好吃才能持久，才能獲得認同，否則僅是曇花一現，叫好卻不叫座。現代年輕人喜愛的網紅店家，店面裝潢得非常漂亮，但是食物吃起來不怎麼樣；而傳統老店店面雖髒亂，但食物好吃，老店經營者更常因為生意不錯就固守成規、不思改變。如果這兩個店家綜合彼之所長，所迸發的威力，一定不同凡響！

醱酵萬歲！萬歲＝長壽

最近我一直在思考「萬歲」的意義，尤其日本人最近流行「醱酵萬歲」，這裏的「萬歲」指的就是「長壽」之意！醱酵食品對健康的好處在此就不多做贅言，多吃醱酵萬歲食物吧！

對我來說，醱酵食品所展現的風味，是融入了時間、特別的味道，是凝結時間味道的推手！醱酵與釀造，表面上看也許平靜無波，但實際上所呈現的是爆發的小宇宙！佛家云:「一花一世界、一葉一如來」，醱酵與釀造，又何嘗不是一個小世界？！請藉著醱酵與釀造的無窮力量，讓自身與社會更加幸福。

衷心期盼讀者們能透過本書，發現自己的自釀說法、婆娑世界。

索引

本書醱酵釀造相關名詞一覽表

【菌種】

【醱酵釀造食材及食品】

【醱酵釀造製法】

本書器具、食材與相關料理一覽表（不含一般調味料）

【烹飪器具】

- 電子秤 P106
- 寬口有蓋保溫瓶（杯）／燜燒罐 P106
- 料理用電子溫度計 P106
- 玻璃調理碗 P106
- 不銹鋼調理盆 P106
- 攪拌棒（打蛋器）P107
- 漏斗 P107
- 大小篩網 P107
- 塑膠食物密封（保鮮）袋 P107
- 不銹鋼密封保鮮盒 P107
- 各式透明玻璃密封罐 P107
- 各式製冰器／冰棒模具 P108
- 竹簰 P108
- 烤箱冷卻架 P108
- 手持式糖度計 P108
- 附蓋親子丼專用鍋 P108

【蔬果類】

- **大蒜**／產季及營養成分P109、鹽麴蒜糀P113、鹽麴大蒜味噌P128、蒜泥白味噌抹醬P129
- **毛豆**／產季及營養成分P109、毛豆鹽麴餡P115
- **黃豆**／稻草納豆P165
- **小黃瓜**／產季及營養成分P109、鹽麴小黃瓜P114、米糠漬P136、紫漬薑味茄子小黃瓜P171
- **冬瓜**／產季及營養成分P109、味噌冬瓜醬P133
- **番薯**（地瓜）／產季及營養成分P109、番薯味噌P130、高麗菜酸P149
- **越瓜**／產季及營養成分P109、醃越瓜P147
- **臺灣長茄**／產季及營養成分P109、黃芥末茄子味噌漬P127、米糠漬P136、紫漬茄子P138、紫漬薑味茄子、小黃瓜P171
- **馬祖野蒜**／馬祖野蒜佐味噌P132
- **辣韮**／辣韮兩式（味噌、壽司醋）P162
- **紫蘇**／產季及營養成分P109、紫漬茄子P138、紫漬薑味茄子小黃瓜P171
- **芥藍菜**／產季及營養成分P109、醃芥藍菜P146
- **芥菜** 梅乾菜P151
- **山東大白菜**／產季及營養成分P109、醃酸白菜P148
- **高麗菜** 高麗菜酸P149
- **白蘿蔔**／產季及營養成分P109、味噌醃蘿蔔P125、嘉生式味噌湯P135、米糠漬P136、醃酸白蘿蔔P150
- **胡蘿蔔**／產季及營養成分P109、嘉生式味噌湯P135、米糠漬P136
- **洋蔥**／嘉生式味噌湯P135、親子丼（親子蓋飯）P167
- **牛蒡**／產季及營養成分P109、佃煮牛蒡P175
- **薑**／紫漬茄子P138、醃嫩薑（酢薑）P143、紫漬薑味茄子小黃瓜P171
- **麻竹筍**／產季及營養成分P109、筍寮吊筍P144、酸筍P145
- **佛手柑**／產季及營養成分P109、味噌佛手柑P131
- **柑橘**／產季及營養成分P109、柑橘蘋果醬P174
- **青梅**／產季及營養成分P109、梅漬酢(酢梅)P140、醃梅P141
- **胭脂梅**／酒釀梅子P163
- **蘋果**／產季及營養成分P109、米糠漬P136、蘋果果醬P172、柑橘蘋果醬P174
- **桑椹**／產季及營養成分P109、桑椹果醬P173
- **楊梅**／楊梅漬酢P142

【肉類】

- **雞腿排**／產鹽麴雞腿排P116、親子丼（親子蓋飯）P167
- **五花肉片**／嘉生式味噌湯P135
- **胛心肉**／煙燻紅麴香腸P153
- **梅花肉**／紅麴叉燒肉P154

【海鮮、海菜類】【肉類】

- **臺灣鯛冷凍魚排（或鯛背肉）**／鹽麴臺灣鯛 P117
- **生烏魚卵**／鹽麴烏魚子P121
- **魩仔魚**／佃煮魩仔魚P170
- **柴魚片**／嘉生式味噌湯P135
- **昆布**／米糠漬P136、佃煮乾蘿蔔絲P176
- **海苔片**／手作飯糰P168
- **鹿尾菜**／梅肉鹿尾菜P171

【蛋奶和豆製品類】

- **鴨蛋** 神奇紅麴滷鴨蛋P155
- **牛奶** 鹽麴吐司P119
- **雞蛋**／鹽麴米霖玉子燒P118、櫻花壽司P157、親子丼（親子蓋飯）P167
- **無鹽奶油** 鹽麴吐司P119、蒜泥白味噌抹醬P129

醱酵食光——

集科學、知識、實作、食品與傳統工藝兼備的麴醱酵導引

作　　者：許嘉生
文字整理：路巧雲
責任編輯：曹馥蘭
攝　　影：吳金石
美術設計：王慧傑
圖片提供：米歇爾、許嘉生、穀盛公司、麴屋三左衛門（依筆畫順序）

總 經 理：李亦榛
特別助理：鄭澤琪

出　　版：樂知事業有限公司
電　　話：（02）2755-0888
傳　　真：（02）2700-7373
網　　址：www.sweethometw.com
E m a i l：sh240@sweethometw.com
地　　址：臺北市大安區光復南路 692 巷 24 號 1 樓

總 經 銷：聯合發行股份有限公司
電　　話：（02）2917-8022
地　　址：新北市新店區寶橋路 235 巷 6 弄 6 號 2 樓

印　　刷：兆騰印刷設計有限公司
電　　話：（02）2228-8860

初版三刷：2024 年 8 月
定　　價：420 元

國家圖書館出版品預行編目資料

醱酵食光——麴の味：
集科學、知識、實作、食品與傳統工藝兼備的麴醱酵導引/許嘉生著. -- 初版. -- 臺北市：樂知事業有限公司,
2023.08
面；　公分
ISBN 978-626-97564-0-7(平裝)

1.CST: 食譜 2.CST: 醱酵
427.1　　112010665

穀盛醇米霖

使用米麴與台灣國產米釀製而成之高品質醇米霖，
經優質的發酵製程與工法釀造出天然回甘的甜味與鮮味，
口感甘醇，散發自然香氣，
可取代砂糖、味精、使料理美味可口甜而不膩，
改善食物中的口感、腥味、更可軟化肉質增加食物香氣及光澤度，
適用於各式蒸煮、燒烤及滷味料理中。

穀盛股份有限公司
KOKUMORI FOOD CO.,LTD. HACCP ISO22000

www.kokumori.com